なぜ日本のフランスパンは世界一になったのか

パンと日本人の150年

阿古真理 Ako Mari

NHK出版新書
501

はじめに

本書は、西洋人が携えてきたパンを、日本人がどのように受け入れ現在に至ったかを描く食文化史であり、生活史でもある。だから、ここで取り上げる店・製パン会社は、日本のパン食の歴史を語るうえで必要という基準で選んだ。おいしいパンを売っている店を紹介するグルメガイドではないので、あしからずご了承いただきたい。

一方で、巷《ちまた》で話題になっている首都圏及び京阪神のパン屋を五十軒以上巡った。歴史の最後尾にあたる現代を知るためである。この仕事の取材と執筆に明け暮れた二〇一六年前半、家の冷凍庫は買ってきたパンであふれ返り、当分はパンだけで生きていけそうなほどだった。

そして人気店のパンを食べまくった結果、世の中には本当においしいパン屋がたくさんあると再確認させられた。その実感は私だけのものではないらしく、パン業界で働く取材先の方々も、近年の水準の高さを口にした。

おいしいパンがふえたことをグルメな日本人が見過ごすはずはなく、ここ数年パンブームが続いている。その中でも目立つ存在が、バゲットなどのフランスパンである。香ばしい香りがして、皮はカリッとして固く、小麦の風味が感じられる。そして形が美しい。今までの柔らかめで薄い皮のフランスパンとは、違う次元のパンをつくる店がふえている。

いったい、日本はいつからこのようなフランスパンをつくって喜ばれる国になったのだろうか。というのは、もともと日本人はあんパンなどの柔らかいパンを好きだったはずだからである。パンの皮の固さに対する嗜好《しこう》も、本書で取り上げるテーマの一つである。そして、本格派フランスパンの登場は、日本人がパンを生活に取り入れて百五十年間に何が起こり、何が変わってきたのかを反映している。

起こるべくして起こった変化を、しかし不安に思う人もいるだろう。なぜなら、パンが本格洋風志向になったということは、食事の洋風化がいよいよ進み、日本の伝統文化であるコメのご飯と味噌汁の献立が、食卓から遠ざかったことを意味するように思われるからである。コメのご飯の地位は、果たしてパンに脅かされているのだろうか。

パンと主食を考えるということは、和食文化とは何かを考えることであり、同時に世界の中のパンと日本の位置を考えることでもある。パンは小さな食べものである。コッペパンやあんパン、食パン一斤なら片手に載る。そして、それらの柔らかいパンは、そっと抱えないと、すぐにつぶれてしまう。しかし、そんなか弱い日本のパンが、グローバルな世界にも書き手の私を導いてくれた。

本文に登場するうち、取材でお会いした方には敬称をつけたが、それ以外の方々は敬称を略させていただいた。呼び捨てにはするが、尊敬に値する過去から現在に至る大勢の方々の支えがあって、現在のパン文化は成り立っている。その世界は果てしなく広い。どうぞその世界へ、いらっしゃいませ。

なぜ日本のフランスパンは世界一になったのか——パンと日本人の150年　目次

第三章 カレーパンは丼である……97

本書に掲載されている、店情報や価格などの情報はすべて二〇一六年八月末現在のものです。

本文中の写真は、特に断り書きのあるもの以外すべて著者撮影です。

第一章　日本人はパンが好き？

パンブーム到来

二〇一六（平成二十八）年現在、東京はパンブームの渦中にある。二〇〇〇（平成十二）年前後はスイーツブームだったが、パンの流行はそれより長くもう七、八年になるだろうか。パンを特集する雑誌は多いし、テレビ番組でも取り上げられる。パン屋紹介の本やパン屋になるためのノウハウ本の出版も相次ぐ。イベントも各地で開かれる。

なぜこのようなブームが発生したのだろうか。いずれ終わるこの現象が、食の歴史の一ページに刻まれることは間違いないし、日本のパン文化を変える動きとも言える。ブームはいつだって、その前とは違う舞台に私たちを連れ出す。例えばスイーツブームの後、何層も異なる生地を重ねたフランス風のケーキは、選択肢の一つとしてすっかり定着している。パンブームは、私たちをどんな世界に導くのだろうか。

ブームの過熱は、パンイベントの盛況ぶりからもうかがえる。二〇一六年三月十一日〜十三日の三日間、「日本最大級」と銘打って横浜赤レンガ倉庫前広場で開かれた「パンのフェス２０１６」は、主催者が予想した五万人を大幅に上回る約十二万人が来場した。横浜市と東京都区部ほか五十のパン屋や団体のパン、関連商品が並ぶイベントの主催者は、ぴあと日本出版販売で構成される「パンのフェス実行委員会」である。

2016年3月に行われたパンのフェスの様子（写真提供：パンのフェス実行委員会）

初日の金曜日はとても寒い雨の日だったにもかかわらず、大勢の人が詰めかけた結果、開場前から大行列ができ、開場した途端に押すな押すなの大混雑になった。土曜日は開場五時間前の朝六時から行列ができ始め、早い店では一～二時間で完売した。

パンイベントの最大の魅力は、各地のパン屋が一堂に会すること。人気の店のブースには長い行列ができる。街で有名パン屋の前に行列ができることもしばしばあり、昼には完売していたり、買えないから、と地元の人があまり行かなくなる現象が起きている。

店で行列に並ぶのは、わざわざ電車を乗り継いで訪れるパンマニアたちが中心だ。携帯電話機をかざしてカメラ機能で撮影し、インターネットのソーシャル・ネットワーキング・サービス（ＳＮＳ）に投稿する人もいる。パン屋巡りを趣味にする人たちがいるのである。大量買いする人が多いせいだろう。人気店の中には、できるだけ早く食べ切ること、といった注意や温め直しの方法などを記した紙を配るところもある。

話題の店が東京に集中しているのは当然としても、地方都市にも注目のパン屋がたくさんあるし、山村でも移住してきた人が店を開く。もちろん、脚光を浴びていなくても何代も店を守る老舗や、大手製パン会社のチェーン店もある。セブン&アイグループの「金の食パン」など、スーパーやコンビニに並ぶ食パンでも高級感を売りにする商品が出てきた。おいしいパンは日本中至るところで手に入る。

最近の現象としては、フランスのパン屋をイメージさせるおしゃれな店が次々とできたことがある。置いてあるのは、フランスパンなどの皮が固いハード系パンが中心である。フランスから上陸したパン屋もある。すでに撤退したところもあるが、本場の有名店が日本を目指す状況になっているらしい。

二〇一一（平成二十三）年には、総務省家計調査による一世帯あたりのパンの購入金額が、コメを上回って話題を呼んだ。しかし、ブームが広く認知されていなかったためだろう。日本人が、ご飯の替わりにパンを主食にするようになったと騒がれた。しかし、家庭におけるコメの用途は、ほぼご飯を炊くことに限定されるのに対し、パンはおやつ用も含まれる。このデータは、必ずしも主食としてご飯を食べる回数がパンより少なくなったことは意味していないだろう。

二〇一三（平成二十五）年十二月にユネスコの無形文化遺産に和食が登録されたこともあり、伝統文化としての和食に注目が集まっている。その背景には、パンの人気が象徴する食の多様化が、日本の伝統文化を脅かしていると感じる人たちがいる。パンが脅威と思われるのは、今に始まったことではない。十年ほど前にも、日本人がパン食を好むようになったのは、学校給食にパンを取り入れさせたアメリカの陰謀だ、という説が巷《ちまた》を賑わせた。発信源になった本はあるのだが、その影響が広がって現在も噂として聞こえてくる。その説については、第三章でじっくり考えてみたい。

「ご飯」が意味するもの

そもそも、私たちが守ろうとしている和食とは何だろうか。よくイメージされるのは、日本料理店で出てくる出汁《だし》をベースにした料理か、「おばあちゃんの煮もの」的なものだろう。しかし、果たしてそれだけが和食なのか。パンについて考えることは、和食文化について考えることにもつながる。

パンの人気が脅威にみえるのは、パンがコメのご飯に取って替わると、日本人の食事の内容が西洋的なものに取って替わられてしまうと考えるからだ。私たちは、積み重ねた食文化を捨て去ろうとしているのだろうか。

また、西洋人にとってのパンは、日本人にとってのコメのご飯と同じではないともよく言われるが、果たして本当だろうか。日本人はご飯を主食として中心に置き、献立を組み立てるが、西洋人はパンだけでなく、ジャガイモも主食にしているから、あるいはパンを並べない食事もあるから重要性が違う、などと言う人もいる。では、日本人は必ずコメのご飯を食卓に載せてきただろうか。

ジャガイモがヨーロッパに上陸したのは、大航海時代が始まったばかりの十五世紀にアメリカ大陸に到達したことがきっかけだ。「コロンブスの交換」と言われるが、ヨーロッパ人はジャガイモのほか、トウモロコシ、インゲンマメ、トマト、唐辛子などを持ち帰る一方、小麦や牛などを「新大陸」に持ち込んで栽培を始めた。

しかし、未知の食べものに対するヨーロッパの人々の抵抗は大きかった。小麦が育たない寒い地方で育てることができ、栄養価も高いジャガイモが定着するには百年も二百年もかかっている。ジャガイモ以前に人々が食べていたのは、穀物のお粥《かゆ》やパンである。パンの歴史のほうが西洋では長い。しかし、それより歴史が長いのは肉である。狩猟を行い肉を中心に食べていた人々が、ある時期から森や原野を開拓して小麦畑をつくり、パンを食べるようになったのである。その理由は、第四章で紹介する。

一口に西洋といっても気候は多様で、必ずしも小麦の生産に向いているとは言えない土地で暮らしてきた人々もいる。だから、パンだけを主食にはしていない。しかし、彼らの食文化の中心にパンがあることも間違いがない。パンという言葉が、食事を指す場合もある。食文化の中心にある食べものを主食と呼ぶなら、西洋人にとってのパンはやはり主食である。

「ご飯」は食事を意味する言葉でもあり、日本人はコメのご飯を食文化の中心に置いてきた。日本人にとってのコメのご飯と、西洋人にとってのパンは似ている。では、主食とはどういう存在なのだろうか。そんな根本的な問題も、やがて明らかになるだろう。

バタ臭い食べもの

日本でも、パンの朝食は珍しいものではなくなり、コンビニでもスーパーでもおなじみの商品になっている。あんパンやカレーパンなどの菓子パン、惣菜《そうざい》パンに郷愁を感じる人もいる。フランスパンやドイツのライ麦パンが好きな人も、クロワッサンやデニッシュ、近所のパン屋にひんぱんに登場する新商品が楽しみという人もいるだろう。しかし、パンが日本人になじみの食べものになってからの歴史は浅い。

パンがどのように入ってきて、どのように日本人が受け入れてきたのか。最初の出合いは西洋人が鉄砲とキリスト教を持ち込んだ戦国~安土桃山時代、西洋史的にみれば大航海時代にあったが、本格的に生活に入り込むきっかけは幕末の開国である。

パンがなぜ日本人に受け入れられたのか。おいしかったからじゃないか、と思うのはパンを食べ慣れた現代人の感覚で、未知なるこの食べものの味をおいしいと思うには、当時の東西の食文化はかけ離れ過ぎていた。

日本人はコメなどの穀物を洗って水を加え、重たいふたで密閉して煮る。日本語でそれを「ご飯を炊《た》く」と言う。関西地方の方言では、野菜を煮ることも「炊く」と言うが、標準語ではご飯以外の料理を「炊く」とは言わない。それだけご飯が特別な料理だからだ。

そして、ご飯に合わせて菜食中心の食事をしてきた。煮もの、和えもの、そして魚が獲れるところでは魚を煮たり焼いたもの。基本的に脂っこいものは食べなかったし、今もどちらかといえばあっさりした料理がよしとされる傾向がある。

それは特に江戸時代において、表向き肉食が禁じられていたことが大きい。肉食文化が認められていないから、畜産や酪農は発達しなかった。中国では養豚が盛んだったし、ヨーロッパでも畜産は農業に組み込まれていた。また、ヨーロッパや中東、モンゴル、インドなどではヨーグルトやチーズ、バターといった乳製品づくりも発達していたが、日本ではシルクロードを経由する交易が盛んだった奈良時代の後は、忘れられていた。

明治に入って西洋諸国との交際を本格化させるにあたり、禁止したままでは支障があると肉食が解禁され、人々は恐る恐る食べ始めた。薄切りにして臭みを取る味噌で煮込んだ牛鍋で、日本人は牛肉の味を知る。中にはその旨味の強い味にハマる人もいただろう。西洋料理も、西洋人とのつき合いが多い上流階級から食べ始めた。

西洋の味に慣れようと悪戦苦闘していた明治時代、日本人にとって特に受け入れがたかったのがバターである。もはや死語かもしれないが、「バタ臭《くさ》い」という言葉がある。手元にある『新明解国語辞典』(三省堂、一九九九年)には、「西洋風だ。西洋かぶれしている様子だ」とある。「バタ臭い顔」とは、西洋人のように彫りが深い顔立ちのことを言う。草刈正雄がそうだし、阿部寛など映画『テルマエ・ロマエ』(二〇一二年)でローマ人役をやった俳優陣もその系譜に入るだろう。第二次世界大戦の敗戦から昭和半ば頃まで、人々はバタ臭いものに西洋の香りを感じて憧れた。

しかし、この言葉が生まれた当初は、文字通りバターのニオイがして嫌だという意味で使われており、ジャガイモやトウモロコシにかけたバターの「香り」を喜ぶ現代人とは異なる嗜好《しこう》を、明治の人々は持っていた。そんな人たちが、ご飯とまるで違う、まんじゅうとも違う、ふんわりふくらんでいたり、パサついて感じられるが滑らかな食感の中身や、皮が固かったりするパンを、すぐに「おいしい」と思ったわけはないのだ。

もちろん、新しい食べものを食べてみたい人はいただろうし、最初からおいしいと思った人もいただろう。しかし、味噌汁に合わない、イモの煮っころがしにも合わないような食べものと、どのようにつき合ったらよいのかわからない人のほうが多かっただろう。それを幅広く受け入れられるようにしたのは、ほかの西洋料理を日本化する過程と同じ発想の転換があったからだ。そして、パンを食生活に取り入れなければならない理由が、昔の日本人にはあった。

その後、パンづくりを志す日本人や、西洋からやってきた職人たちの熱い思いに支えられた厳しい道のりを経て、パンは私たちの暮らしになじんできた。このあたりは、第二章で詳しく紹介する。

西洋のパン

一口にパンといっても、世界にはいろいろな種類がある。本書で視野に入れるのは酵母《こうぼ》による発酵《はっこう》のメカニズムを利用してふくらませ、オーブンで焼いた西洋のパンだけとお断りしておく。

本書で取り上げないパンには、アジアや中東などの地域で食べられている、平たいパンがある。インド料理店で出されるナンも、タンドールというかまどを利用して焼く発酵パンの一種だが、これも今回は扱わない。

西洋には、重曹で小麦粉生地をふくらませるアイルランドのソーダブレッドや、ベーキングパウダーを使うイギリスのスコーンなどもある。つくり方が簡単で、焼きたてを食べるそれらのパンは、発酵させたパンの滑らかな食感と異なり、ポロポロしたクッキーに近い食感をしている。

フランスにあるそば粉のクレープ、ガレットや、小麦粉のクレープ、各国にあるパンケーキなども、広い意味ではパンに含まれるかもしれない。そう考えれば、ベトナムや中国の春巻きも、韓国のチヂミも日本のお好み焼きも入ってしまう。粉に水分を加えて溶き、焼く食文化は世界中にあって、その広がりは果てしない。

これらの多様なパンを入れない理由は、日本人が開国とともに出合い、生活に取り入れるべく悪戦苦闘してきたのは、酵母を使ってふくらませ、オーブンで焼いたパンだからだ。パンはコメのご飯とつくり方がまるで違う。明治初頭の日本の台所設備では、パンをつくることができなかった。パンをつくるためには、日本の文化にはなかった輻射熱《ふくしゃねつ》を利用するかまどのつくり方から覚える必要があった。製粉工場が欠かせないなど、パンはつくるうえでさまざまな新しい産業を必要とする。また、当時は発酵の工程についても、職人の経験がなければマスターするのが難しかった。

日本人が西洋人から教わり、また自分たちでも研鑽《けんさん》を重ね、約百五十年かけてマスターしたそのパンを、現代の西洋人は「おいしい」と言う。いつのまにか、日本は世界的に高い水準のパンを食べられる国になったらしい。彼らにとって日本のパンのどういうところが魅力なのか。一方で、彼らが「パンじゃない」と思ってしまうものも、日本にはあるらしい。それらの言葉の背景には、その人が辿《たど》ってきた道のりがあり、日本との出合いがある。そしてもちろん、背後には数千年に及ぶパンの歴史がある。その話は第四章で詳しくご紹介する。

パンは主食であるがゆえに、西洋人たちにとって特別な意味を持ち、文明の発展にも関わってきた。そして短くはあるが、日本人が積み重ねてきた道のりもある。パンとご飯は対立する文明を象徴するものなのか、それとも融和する文明の幸せな出合いなのか。

パンを食べ始めて約百五十年という短い歴史の中で、いや短いからこそかもしれないが、日本には世界で初めての自動パン焼き機、ホームベーカリーを発明したという歴史的エポックもあった。家庭での手づくりのパンには、ヨーロッパにもアメリカにもそれぞれの社会的な事情を反映した歴史があるが、日本にも独自の社会背景があって手づくりパンの文化が定着した。家庭における手づくりパンの歴史は、第六章でお伝えしたい。

パンの背後には、長い歴史と広い世界との地理的なつながりがある。パンを好きな人も、脅威と感じる人も、その歩みを知ってほしい。縦横に広がる文化を持つパンのさまざまな資料や人々の証言を積み重ね、歴史を明らかにしていくことで、やがて私たちは思いもよらぬ食の現在と未来を描き出す地平に辿り着くだろう。

第二章　歴史を変えたパン焼き人たち

1 日本人のパン、誕生す

みんなが好きなあんパン

日本に生まれ育った人で、あんパンを知らない人はまずいないだろう。スーパーのパン売り場にも、街のパン屋にも、コンビニにもあんパンは置いてある。あんパンを愛する人が、老若男女問わず多いからである。子どもたちには、故やなせたかしの人気アニメの正義の味方、「アンパンマン」も人気が高い。アンパンマンは、お腹が空いている子どもがいると飛んできて、あんパンでできた自分の顔の一部をちぎり差し出すのである。

北海道の小麦産地、十勝地方では農作業の合間のおやつとして、あんパンを食べる人が多いそうである。地元農家に愛され成長したのが、帯広市で一九五〇（昭和二十五）年に創業し、小麦粉をはじめ地元産の食材を使う「ますやパン（満寿屋商店）」である。二〇一六年「パンのフェス」にも出展していたこの店。一番人気は、サイズが通常の倍ほどある大型あんパン。あんこと滑らかなパンの食感が絶妙のコンビネーションだ。

昭和二十年代に広島県の山村で育った私の母も、農作業の休憩時間に祖父が買ってくるあんパンが楽しみで仕事を手伝ったと話していた。全国の中小製パン会社でつくる全日本パン協同組合連合会の前・専務理事（二〇一六年三月当時）、福井敬康《たかやす》さんは少年時代、冬の雪下ろしの休憩時間にあんパンを食べていたと話す。

労働の合間に食べるのがおにぎりや弁当でなく、あんパンだったという証言が多いのは、手軽だからである。寸暇を惜しんで働かなければならないとき、おにぎりなどの手づくり弁当を食べようと思えば、誰かがそれをつくるために一家総出の現場から離れなければならない。しかし、あんパンなら買ってくるだけで済む。

子どもやお年寄りのおやつに、部活帰りのお腹を空かせた高校生に、仕事中に小腹を空かせた人にも、主婦たちのおしゃべりタイムにもよい。あんこに水分が含まれるためなのか、喉に詰まりにくいところもよい。世代を問わず愛されるのが、あんパンである。

明治の俳人、正岡子規（一八六七－一九〇二）もあんパンを愛した。一九〇一（明治三十四）年～一九〇二（明治三十五）年に書かれた『仰臥漫録《ぎょうがまんろく》』は、寝たきりになった三十五歳の子規による最晩年の日記である。記録の中心は食事とおやつ。病状が深刻化する前は、毎日のように朝食とおやつに菓子パンを食べていた。大食漢で、多いときは一度に十数個も食べている。

半年間の記録であんパンの登場は二回。九月八日の絵で「菓子パン、アン入」と書かれたものと、九月十七日の「アンパン一ツ」である。もしかすると、「菓子パン」と書いた日のものの一部も、あんパンだったかもしれない。子規にとってあんパンは、欧米文化を吸収し発展する外の世界と、部屋の外に出ることができない自分をつなぐ糸であったかもしれない。

あんパンの発明者

あんパンは、考えてみれば不思議なパンである。パン生地は小麦の粉がベースのヨーロッパスタイルだが、練ったあんこは日本生まれ。日本食を愛する日本在住の西洋人でも、「パンに甘い豆が入っている、というのはちょっと……」と、あんパンは敬遠する。ローカルな食べものなのである。

和洋折衷《せっちゅう》のこのパンを発明したのが「銀座木村屋」の創業者、木村安兵衛《やすべえ》である。安兵衛は一八一七（文化十四）年、常陸《ひたち》国河内郡田宮村（現茨城県牛久《うしく》市）に、武士の長岡又兵衛の次男として生まれた。下総《しもうさ》国北相馬郡川原代村中坪（現千葉県龍ケ崎市）の木村安兵衛の長女ぶんの婿養子となる。江戸へ出て紀州家の蔵を管理するお蔵番になるが、一八六八年の明治維新を迎えた頃は、失業武士のための職業安定所、「東京府授産所」で事務職に就いていた。そこでパンと出合い、パン屋を志すのである。

オランダとの貿易窓口だった長崎・出島で異人館にコックとして雇われていたのでパンをつくれる、と自称する梅吉と授産所で出会い、安兵衛は彼を職人として雇った。そして一八六九（明治二）年三月、旅人が多く行き交う芝日陰《しばひかげ》町（現在のJR新橋駅あたり）に「文英堂」としてパン屋を開く。しかし店が大火に巻き込まれ、翌年仕切り直した先が京橋区尾張町、現在の銀座である。当時は寂しい場所だったという。

木村屋では火事を機に梅吉を解雇している。梅吉が焼くパンが、店を実質的に任された安兵衛の次男、英三郎が横浜の外国人居留地で食べたパンとは程遠かったからである。英三郎は、横浜居留地でパン職人として働いていた武島勝蔵を新たに雇い入れ、次々とパンをつくって売り出すのである。

東京は外国人が少ないうえ、パンをつくるのに欠かせない酵母の入手が困難だった点でも、パン屋をするには不利だった。当時、横浜で使われていたのはビール酵母のホップスだねである。横浜には一八七〇（明治三）年にアメリカ人のウィリアム・コープランドが日本初のビール工場をつくり、酵母を入手しやすくなっていた。ちなみにこの土地は後に日本人に引き継がれ、キリンビールができている。

木村親子らが辿り着いたのは、日本酒の麴《こうじ》を使う方法である。『銀座木村屋あんパン物語』（大山真人、平凡社新書、二〇〇一年）によると、「銀座木村屋」では筑波山の岩陰に井戸水で炊いた酒造用のコメを置き、大気中に浮遊する麴菌を採取して酒だねに使う。

しかし、酒だねのパンは、ホップスだねを使ったものと比べてあまりふくらまないので固く、日本人になじみがない食べものだったため、ちっとも売れない。木村親子らが、日本人に向くパンができないかと苦心惨憺《さんたん》の末生み出したのが、まんじゅうのようにあんこを包んでつくる方法だった。

六年の歳月を費やして開発したあんパンは、まさに日本人が好きなパンだった。柔らかいパン生地に包んだあんことの絶妙のバランスは、まんじゅうともあんまんとも違う。パンでありながら和菓子のようで、酒まんじゅうのような香りがある。「銀座木村屋」でこのパンが生まれたから、日本人はパンを受け入れ、そして具を包むバラエティ豊かなパン

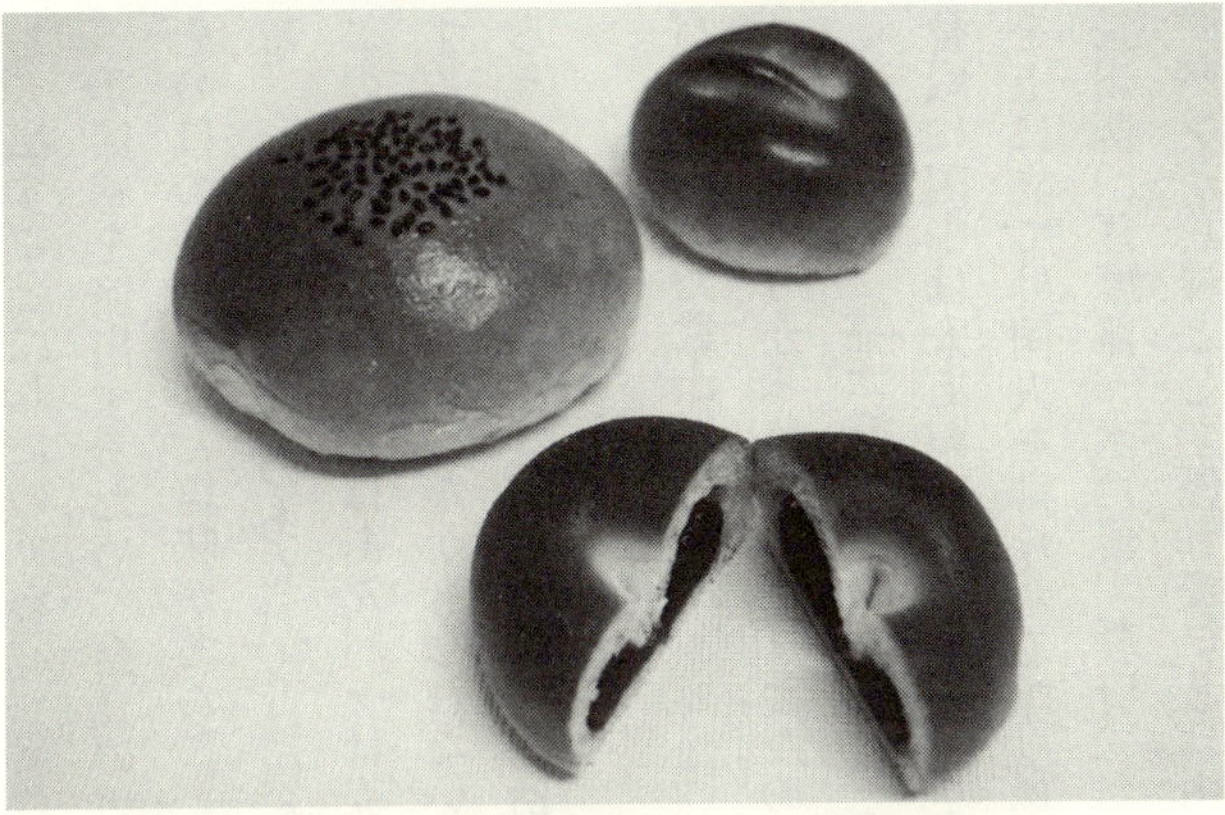

あんパンにはさまざまな種類がある。あんはつぶあん、こしあん、うぐいすあんなどがあり、トッピングにも桜の塩漬け、ごま、けしなどがある

へと発想を広げる土壌ができたのではないだろうか。

あんパンが広まった最初のきっかけは、明治天皇が食べたことである。店に出入りしていた道場主、山岡鉄舟《てっしゅう》が明治天皇の侍従を務めていた。そして、「道理にかなった着想と、日本人うけのする味と香りに心から敬服した」（安達巌・著『パンの日本史』ジャパンタイムズ、一九八九年）から明治天皇におすすめする、と木村親子に申し出たのである。

当時、宮中には京都からお伴してきた菓子屋が仕えており、天皇に新しい菓子を差し上げることは困難だった。そこで鉄舟は一計を案じ、明治天皇が東京・向島にあった水戸藩の下屋敷を訪問する際を狙って、お茶菓子として出すことにしたのである。それが一八七五（明治八）年四月四日だった。

季節感を演出するため、奈良の吉野から取り寄せた桜の塩漬けを真ん中に埋め込んだ。そのほのかな香りと塩味があんことマッチし、天皇陛下は大変喜ばれて皇后もファンになる。「銀座木村屋」のあんパンは実質的な宮内省御用達となったことで売れ始めた。もし、この出来事がなければあんパンは売れるのにもっと時間がかかったかもしれない。下手をすると消えてしまったかもしれない。すると、日本のパンの歴史は大きく変わっていただろう。パンという食べものは、明治の人々にとってそれほど異質な存在だったのである。

パンを広めた武士

パンづくりが本格的に始まったのは、兵糧としての可能性に注目された幕末だった。

一八五三（嘉永六）年、アメリカのペリー提督が率いる黒船が浦賀沖に現れる。欧米の脅威に国中は大あわて。オランダを通じて入ってきた情報をもとに開国を求める者、天皇を上に立て外国人を排斥する尊皇攘夷を唱える者。対外戦争を意識する機運が高まる中、長州藩、薩摩藩、水戸藩、幕府でパンの研究が始まる。

パンが兵糧として優れている理由を『コムギ粉の食文化史』（岡田哲著、朝倉書店、一九九九三年）が簡潔にまとめているので引用しよう。

「軽いので携帯に便利である、保存性がよい、消化がよい、どこでもすぐ食べられる、歩きながらでも食べられる、戦場で米を炊くと煙が出るがパンはまとめて焼けるなどである」

日本人のためにパンを最初につくり始めたのは、伊豆韮山《にらやま》の代官で蘭学者の江川太郎左衛門坦庵《たんあん》である。坦庵は一八四二（天保十三）年四月十二日、自邸にパン焼き窯を築いて試作を始める。パンを焼いたのは、長崎のオランダ屋敷で料理方として働いていた作太郎である。

坦庵は、一八五四（安政元）年、開国交渉のために来日中だったプチャーチン提督率いるロシア艦隊が、安政の大地震に遭遇して帰れなくなったため、幕府の命により彼らが帰国するための軍艦を急造し、パンも提供している。

パンはまもなく始まった内戦で、すぐに兵糧として使われる。一八六九年函館の五稜郭《ごりょうかく》で、戊辰《ぼしん》戦争に兵糧パンが準備された。西南の役では政府軍が軍用パンを用意している。

パンが脚気の薬に

維新前後はキナ臭い時代だった。西南の役で脚気《かっけ》患者が続出したことから一八七八（明治十一）年、原因を突き止めるため神田一ツ橋に国立脚気病院が設立された。西南の役ではドイツ人が経営する病院に重症患者を送り込んだ。すると、食事に出されたパンを食べて治った患者が次々と現れたことが、病院設立のきっかけとなったのである。

国立脚気病院では、東洋医学と西洋医学のどちらを採用するか決めるため、両方の医師を競わせた。東洋医は食事に白粥や梅干しなどを使い、西洋医はパンと牛乳を用いた。評価については諸説あったものの西洋医が採用され、このことでドイツ医学が公認の医学となった。

脚気は、江戸時代半ばからふえた病気である。脚がむくんだり体がだるく起き上がれなくなるなどの症状が出る。原因がわかっていなかった当時は難病で、第十三代将軍の徳川家定、第十四代将軍の徳川家茂なども脚気が原因で死亡している。「江戸患い」、「大坂腫れ」などと呼ばれたが、それは地方から都会へ出た者が多くかかる病気だったからである。

原因を突き止めたのは、東京帝国大学（現東京大学）農学部教授の鈴木梅太郎だ。自身も静岡県の郷里から東京に出た際、脚気にかかった経験があり、明治時代、軍隊で深刻な問題になっていた病の原因を突き止めるべく、日露戦争終結の年にドイツ留学から帰国後、研究に勤しんでいた。

軍隊では脚気による死亡者が続出していた。明治時代後半は対外戦争が続く。一八九四（明治二十七）年から翌年にかけて勃発した日清戦争、一九〇四（明治三十七）年から翌年にかけての日露戦争である。海軍軍医の高木兼寛《かねひろ》は食べものに原因があると確信し、麦飯やパンを主食とする洋食を摂り入れた兵食で患者を激減させた。一方、伝染病説を採る陸軍軍医の森林太郎（鷗外）は白米中心の兵食を替えず、大量の患者、死者を出した。

当時、地方の庶民の主食は麦飯やヒエなどの雑穀を混ぜたご飯やイモ類、うどんなどの粉もので、白米は特別なときにしか食べられなかった。江戸に出たり軍隊に入ると、白米が日常食になり、脚気にかかりやすくなる。それは、ぬかに含まれるビタミンB_1が不足するためであることを、鈴木梅太郎が発表したのは一九一一（明治四十四）年である。栄養のバランスがよい食事を摂ればかからない病気だが、栄養学も確立されていない当時、パンが脚気を治したり予防する食べものと考えられ、銀座木村屋のあんパンも日清・日露の戦争を経てよく売れるようになっていく。

ちなみに日本で脚気が肉などのパン以外の食べものにも含まれているビタミンB_1不足から起こることが、一般に認知され始めるのは大正時代半ばであり、脚気による死亡者数が年間一万人を切るのは、昭和三十年代以降である。

近代が始まろうとするとき、パンに注目して日本人に広めたのは武士、そして軍人だった。戦場で摂り入れられたパンは、時代が進むにつれ、コメの代用食としても注目されるのである。

2 パン好き日本一の街を築いたドイツ人

先端都市、神戸

総務省家計調査によると、全国五十二都市（都道府県庁所在地及び大都市）の二〇一三年～二〇一五（平成二十七）年の一世帯あたりパンの消費金額の平均は、一位が京都市、二位が神戸市、三位が岡山市である。上位十都市のうち七都市が関西にあり、世界有数のグルメ都市、東京都区部は十三位である。二〇〇〇年以降、首位を京都市と神戸市が争う形になっているが、パン好きの街として広く認知されているのが、神戸市である。それは全国に名の知られたパン屋があり、開港地としていち早く外国文化を吸収してきた蓄積があるからである。

日本では一般的に、あんパンやコッペパンなどの皮が柔らかいパンが好まれる。しかし、神戸ではフランスパンなどの皮が固いハード系パンの人気が高い。角食パンだけでなく、皮が固めの山型食パンもよく売れる。

しかし、神戸の人たちも、初めからハード系パンが好きだったわけではない。昭和初期の食生活を調査した『日本の食生活全集28 聞き書 兵庫の食事』（農文協、一九九二年）に、当時の神戸のパン事情について記述したくだりがある。

「朝、パンを買いに行くのはたいてい子どもの仕事になっている。『フロインド・リーブ』のドイツパンは表面が固い。『セントラル・ベーカリー』のイギリスパンはやわらかく、神戸っ子に好まれる」

神戸でも、パン食文化が根づいた当初は柔らかいものが好まれていたのである。つまり、好みは時代を経て変わっていく。とかくブームが生まれて加熱しがちな東京では最先端の消費文化を見られるが、飽きられるのも早いので、流行りが定着するか根づくかを見定めにくい。地方都市でありながら、長らく海外との接点を持ってきた神戸は、新たな文化が定着する最先端の場所でもある。この節では、日本の今後を占う指標となる神戸で、どのようにパン文化が育ってきたかを中心に見ていきたい。

神戸港が開港するのは一八六八（慶応三）年。一八五九（安政六）年に開港した神奈川（横浜）港、箱館（現函館）港、長崎港に九年遅れた。それは、朝廷がある京都に近い神戸港開港については、朝廷と幕府、欧米の思惑が複雑に絡み合ったためである。居留地の建設が間に合わなかったことから、居留地の周囲に外国人と日本人が入り混じって暮らす「雑居地」ができた。神戸っ子は開放的で新しいモノ好きと言われるが、その気質は多くの外国人がすぐそばに住む中で育まれたのである。

居留地では一八六九年にフランス人、イギリス人が営む二つのパン屋がそれぞれ開かれた。

パン屋の創業は横浜市のほうが早く、現存する最も古いパン屋は、元町にあるウチキパンである。ウチキパンについては第三章で紹介する。最先端だった横浜を襲った不幸は、一九二三（大正十二）年に起こった関東大震災である。マグニチュード七・九、房総半島から静岡県東部までの沿岸部を中心に震度七の揺れに襲われ、横浜市も大きな被害を受けた。横浜港も壊滅的な被害を受け、開港地としての役割を果たせなくなる。このとき横浜を離れた外国人も多く、横浜市の洋菓子店を失ったカール・ユーハイムも、神戸で再出発している。

神戸は政治的な理由で国を離れた外国人の受け皿にもなっており、ロシア革命を逃れたロシア人が始めたモロゾフ、ゴンチャロフなどの菓子メーカーがある。第二次世界大戦中はドイツから逃れてきたユダヤ人も多かった。神戸に根を下ろした外国人たちが、未知の文化をもたらし、発展させてきたのである。戦前の神戸は東京、大阪に次ぐ日本第三位の都市でもあり、舶来文化の発信地としての役割が大きくなる中で、パン食が新しい文化として育っていく。

コメの代用食として

パンといえばあんパンのようなおやつか兵糧と思っていた日本人が、主食として受け入れ始めたきっかけについて紹介したい。それこそが、神戸がパン文化を牽引する役割を果たすようになったはじまりである。

パン食文化が日本に根づいたのは、近代以降、何度もコメ不足に見舞われたことが大きい。一八八九（明治二十二）年の大凶作、一八九七（明治三十）年の凶作。そのたびに暴動が起きる一方で食パンが売れるということがくり返された。

また、日清・日露の戦争に駆り出され、パン食になじんだ人もふえていった。

洋食の普及もパンの定着を後押しした。一八七一（明治四）年の肉食解禁から西洋料理がどっと入ってきて、上流階級がコックを雇い、会食などで親しむ。高等女学校や料理学校で洋食を学ぶ人もいた。

二つの戦争をきっかけに産業革命に突入した日本では、企業が次々とできて、サラリーマンの中流層ができた。大正期には、中流の専業主婦を対象にした雑誌『料理の友』（大日本料理研究会、一九一三年）、『主婦之友』（主婦之友社、一九一七年）などが創刊される。メディアを通して、彼女たちは上流階級の暮らしを知った。憧れから朝食にパンを取り入れるのは、当然あり得ることだった。

留学で欧米暮らしを体験した人も、向こうの食事を懐かしんでパンを日常に取り入れるようになる。

「ご飯がなければパンを食べればいいじゃない」と言った人がいたかどうかはわからないが、困ったときはパン、味が気に入ったからパン、手間がかからないからパン、と食べる人が増加する。そんなときに起こったのが、一九一八（大正七）年の富山県に始まり全国に広がったコメ騒動だった。

歴史上の大事件として、現代まで伝えられる大正のコメ騒動は、戦争がきっかけで起こった暴動である。一九一四（大正三）年から一九一八年まで、日本も参戦した第一次世界大戦では、軍需産業が活況を呈し戦争成金が生まれる一方で、労働者は物価高騰のため生活は厳しかった。また、産業が発達して都市部に人口が集中するようになると、コメの需要がふえる。江戸や大坂で庶民がコメを食べたように、都市で人々が主食にしたのはコメだったからである。

一九一七（大正六）年にロシア革命が起こって日本も出兵することになる。戦場で需要が高まることを見込んだ商人たちがコメを買い占め、庶民にまで行き渡らなくなった。そうでなくても厳しい暮らし向きなのに、あるはずのコメも食べられない、と人々が怒ったのである。

世間が騒然とした中、コメの替わりになるものがあれば暴動も起こらないのではないかと考え、パン屋を始めたのが盛田善平《ぜんぺい》、敷島製パン（パスコ）の創業者である。

ドイツ人捕虜の力を借りて

盛田善平は一八六三（文久三）年、愛知県知多郡小鈴谷村《こすがや》（現常滑市《とこなめ》）の酒造りを営む家の五男として生まれた。しかし、明治になって酒税法が改正されたことがきっかけで廃業する。成長した善平は、親戚でミツカンの四代目中埜又左衛門から、「ビールをつくりたいから手伝ってくれ」と頼まれる。ちなみにソニー創業者の盛田昭夫も親戚にあたる。

「カブト」の銘柄で売り出したビール事業は成功したが、日露戦争終戦の好景気が戦後反動で落ち込んでビールも売れなくなり、善平は事業を売却する。その間、新しい事業を手がけて成功していたからだ。

その事業とは、綿糸の糊《のり》づけに使う糊の原料として小麦粉をつくる、敷島屋製粉工場である。当時、糊に使われていたのはアメリカ産の小麦だった。国産小麦は、水車や牛、人力で回す石臼で製造していたため、粉末が粗く糊に適していなかったからである。善平はイギリス製の製粉機を導入し、国産小麦で輸入品より上質な粉をつくり出す。できた小麦粉は、うどんやきしめんの材料としても需要がふえ、事業はどんどん拡大していった。

洋食化が進む時代を見越してマカロニにも挑戦するのだが、どのようにすればパスタに穴をあけられるかがわからず挫折。そんな折に出合ったのがパンである。

時は第一次世界大戦さなか。中国・青島《チンタオ》でドイツ軍と戦っていた日本には、各地に捕虜収容所がつくられており、ドイツ兵が収容されていた。名古屋では古出来《こでき》町にあった。

敷島屋製粉工場では、ドイツ製のガス発動機の調子が悪くなり、善平は捕虜収容所にいる技師を紹介してもらい修理することにした。捕虜たちが焼くパンがおいしい、と護衛兵から聞きつけた善平は、ドイツ兵の職人に指導してもらえばパンをつくれる、と気づく。背景にはコメ騒動があり、食糧難解決に役立つパンを新しい事業にしよう、と思い立つ。

ドイツ人捕虜の指導で試作窯をつくると、うまいパンができた。試しに地元の半田で売ってみたところ、たちまち売り切れる。これならいける、と一九一九（大正八）年十二月二十七日、創立総会を開いて敷島製パンが誕生した。

同じ年、日独講和条約が締結され、ドイツ兵捕虜は送還されることになった。名古屋の捕虜収容所に、日本に留まりたいと考えているパン職人がいることがわかり、敷島製パンが雇い入れたのがハインリッヒ・フロインドリーブ。のちに、NHK朝の連続テレビ小説『風見鶏』（一九七七年放送）のモデルになった神戸の名店「フロインドリーブ」を開いたその人である。

フロインドリーブの指示でドイツ式の大きな石窯をつくり、パンのつくり方、焼き方も指導してもらう。こうして現在に至る敷島製パンの事業がスタートした。

異文化をもたらした捕虜たち

戦争は殺戮《さつりく》と破壊の場であるが、動員された兵隊たちは文化交流のきっかけをつくる。例えば日本の中華料理のベースは、中国大陸を戦場にした三つの戦争にある。日清・日露の戦いで農家出身の兵たちが、今や漬けものや鍋料理に欠かせない白菜の種を持ち帰った。二つの戦争と、商業的な交流により、中華料理の味に親しむ人がふえた。第二次世界大戦終結後の焼け跡の街で見たラーメン店の行列がきっかけで、日清食品創業者の安藤百福《ももふく》がインスタントラーメンを発明する。満州から引き揚げてきた人たちが、ぎょうざをもたらす。

第一次世界大戦の結果もたらされたのは、ドイツの食文化である。日本各地にできた捕虜収容所での捕虜の待遇はおおむね良好で、その様子は例えば松平健、ブルーノ・ガンツが出演した映画『バルトの楽園《がくえん》』（二〇〇六年）によく描かれている。徳島県鳴門市の板東俘虜《ふりょ》収容所を舞台に日本人とドイツ人捕虜の交流を描いた作品で、日本で初めてベートーベンの第九交響曲が演奏されたという実話に基づく。

洋菓子メーカーのユーハイムを興したカール・ユーハイム、日本にロースハムをもたらした食品メーカーであるローマイヤの創業者、アウグスト・ローマイヤも、中国・青島での戦いで日本へ送られてきた。そして、ハインリッヒ・フロインドリーブも捕虜の一人だった。

捕虜収容所でドイツ人自らがパンを焼く例はほかにもあったらしく、パン業界がつくった本、『パンの明治百年史』（パンの明治百年史刊行会、一九七〇年）には「あちこちにドイツ窯が築かれ、ドイツ流のパンがつくられるようになつたばかりでなく、日本の職人がすぐれたドイツ流の製パン技術をマスターする機会も生れることになつた」とある。それは同時に、百年前の日本で、パンをつくる技術がまだまだ未熟だったことを物語る。名古屋でも、市販のパンがまずいと言って、捕虜たちがパンを焼き始めている。

敷島製パンの土台をつくったハインリッヒ・フロインドリーブは一八八四年、ドイツ中央部のチューリンゲン州にある小さな村、ユェツェンバッハに生まれた。両親と弟を早く亡くし、十四歳でパン屋の見習い生となる。

一九〇二年、十八歳で海軍に入隊。「東洋の真珠」と謳《うた》われた軍艦エムデン号のパン焼き職人として勤務した後、一九一二年に青島でパン屋を開業する。一九一四年に第一次世

初代フロインドリーブ、妻ヨン、息子のフロインドリーブ二世（写真提供：ヘラ・フロインドリーブ・上原さん）

界大戦が勃発して召集され、一九一七年に日本軍の捕虜となって、名古屋市古出来町の捕虜収容所で一九一八年の敗戦を迎える。

一九一九年、敷島製パンに初代技師長として迎え入れられて日本に留まったフロインドリーブは翌年、高木ヨンと結婚。長男のハインリッヒ・フロインドリーブ二世が生まれる。その後、一九二三年に兵庫県神戸市中山手通に引っ越し、翌年パン屋の「フロインドリーブ」を開業する。

ドイツ人パン屋の物語

現在「フロインドリーブ」は、一九四四（昭和十九）年生まれの三代目、ヘラ・フロインドリーブ・上原さんが経営する。ヘラさんが店で働き始めた半世紀ほど前は、神戸港に立ち寄る外国船からの注文が多く入った。「国によって異なる要望に応え、急に『明日五十本な』と言われて、夜通しパンを焼いて納めることもありました」と話す。店の周囲にも外国人が多く住んでいて、お手伝いさんが朝食に出すパンを買いに来るため、朝七時から営業していたそうだ。しかし、時代が変わって朝訪れる客がへっていき、今は朝十時からの営業である。

ヘラ・フロインドリーブ・上原さん

ヘラさんの両親が住む北野町が、外国人中心の住宅地から観光地「北野異人館街」へと変わるきっかけが、大きな反響を呼んだドラマ『風見鶏』の放送だった。

「うっかり門を開けていたら、人が敷地の中まで入ってきて家の中を覗《のぞ》かれ、夕方にならないと両親は散歩に出られないぐらいでした」

戦前は、神戸市内に支店とレストランを合わせて十軒ほど持つ大きな店だったようだ。大勢の職人を雇う店は、ロシア革命から逃れて日本に来た白系ロシア人の受け皿にもなった。また、パン屋や菓子屋の跡取りが大勢修業に来た。二世の時代には、店が独自の認定試験を行っており、合格者には「木の道具箱にサインをし、泡立て器などの簡単な道具を入れて渡していました」とヘラさんは話す。

一世は、一緒に過ごす時間があまりなかった息子と折り合いが悪く、ヘラさんに「厳しい人」という印象を残した。一方で、「友達を大勢集めて、それぞれにビールを一ケースずつ横に置いてトランプをしたり、学校帰りの子どもに、売れ残ったケーキを『持って帰り』と声をかけて渡した」といった面もあったようだ。

二世は、十二歳で菓子職人の修業をするためドイツへ渡った。「ヨーロッパではパン屋は地位がものすごく低いので、祖父は父に菓子屋になってほしかったのではないでしょうか」とヘラさんは言う。十九歳で日本に帰国するが、第二次世界大戦が始まりドイツ海軍に従軍、ニーダーザクセン州でドイツ人と結婚してヘラさんが生まれる。戦後、ドイツの国家資格である「マイスター」を取って一九五一（昭和二十六）年に帰国。二年ほど敷島製パンで働き、名古屋で暮らす。二世がパン屋を会社組織にして社長になった一九五五（昭和三十）年、一世が七十二歳で亡くなっている。

一方、日本では、食料不足と外国人への風当たりが強い戦時中を一世夫婦は過ごしてい

現在のフロインドリーブ。1929（昭和4）年にアメリカ人建築家ヴォーリズが設計した神戸ユニオン教会を改修して使用している

た。ヘラさんは、「戦争中、店は大変だったようです。ユダヤ人の幼なじみの親は、店に行くとカウンターの下からこっそりパンを渡されてありがたかったと言っていました。材料も少ない中、顔見知りにはそうやって分けていたんですね」と話す。神戸は大空襲で店が全焼。三十坪ほどのバラックで再出発した。

祖父、父は戦争の時代を生き延びた。三代目であるヘラさんを襲った苦難は地震だ。一九九五（平成七）年一月十七日、神戸市と淡路島の一部で震度七を記録したマグニチュード七・三の阪神・淡路大震災である。

「両親が住んでいた異人館は築百年以上の古い家で、基礎が一メートルほどずれたんです。窓もゆがんで穴があちこちにあき、暖炉の中のレンガが部屋の中に全部流れ込んでいました。でも、不思議なことに食器や集めていた骨董は全部無事でした」

当時、神戸市西部の須磨区に工場があり、店と工場の間にある長田区が大火災になった。ヘラさんの夫はその間を車で走り抜け、従業員の無事を確認した。工場の建物は無事だったが、ライフラインが全部壊れたため、復旧には半年かかった。

「当時、建物の中にケガ人がいるといけないから、と無事だったドアを自衛隊が壊したりしていたのです。うちの店が壊されないよう『中に誰もいません』と張り紙をしておいたら、お客さんが『早く食べたい』と寄せ書きをし始め、急いで復旧しなければと思いました」

手づくりの「フロインドリーブ」のパンは、シンプルながら、香ばしさがある。一九九九（平成十一）年にもとは教会だった建物を譲り受けて移転。二〇一六年一月、キャロライン・ケネディ駐日アメリカ大使が来神した折に、同店のカフェでサンドイッチランチを食べた。今も、神戸が誇るパン屋の一つである。

マイスターの遺伝子

フロインドリーブ一世の一番弟子が一九三二（昭和七）年に開いた店が、神戸市東灘区岡本にある「フロイン堂」である。岡本駅周辺は灘《なだ》中学校・高等学校や甲南女子大学などの私立校がキャンパスを置く文教地区で、おしゃれな店が連なる駅前を離れると閑静な住宅街が広がる。外国人や外国暮らしの経験がある商社マンなどが家を構えており、ドイツパンの店もやりやすかったようだ。

現在店では、二代目と三代目がレンガの石窯でパンを焼く。こねる工程まで完全手づくりの食パンは、あっさりした味だが弾力がある、夕方までに売り切れる日もある人気商品である。

初代の竹内善次郎は一八九七年、金沢市の生まれだ。フロインドリーブ一世の妻、高木ヨンのいとこだった縁で、パン屋の仕事を手伝い始めた。善次郎の長男で二代目の善之さんは、一世の印象を「大きなガッチリした人。顔つきは怖かったんですが、優しい人でね。遊びに行くと必ず、動物のチョコレートを工場で一緒につくっていただきました。戦争中は、外国人だから、と小さな家に蟄居《ちっきょ》するみたいな状態で気の毒だった」と話す。

支店として現在の場所に店を構えたのが一九三二（昭和七）年。同じ年に善之さんは生

現役で稼動するレンガの石窯と竹内善之さん

まれた。善次郎は「フロインドリーブ」の工場で働き、店にパンを持ってきて売っていたが、戦争が始まり自由につくれなくなる。しかし、善次郎は時代の波に屈することなく神戸市西部の名谷《みょうだに》で山を切り開いて小麦畑をつくった。そして将来の独立を考え、レンガを積み上げ店の地下に石窯をつくったのが一九四四（昭和十九）年。ここがパン屋として機能し始めるのは、一九五〇年頃からだ。

しかし、戦後の復興から時間も経っておらず、需要が少ないパン屋の将来を危ぶんだ善之さんは高校の電気科を卒業し、無線技術士として電気通信省（日本電信電話公社を経て一九八五年からＮＴＴ）に就職した。ケネディ暗殺の「画像を最初に受信し」、一九六四（昭和三十九）年、東京オリンピックのテレビ中継にも内側から関わる。仕事が面白くてたまらなかったが、一九六八（昭和四十三）年、善之さんが三十六歳のときに父親が亡くなり、二年間逡巡《しゅんじゅん》した後に店を継いだ。

悩んでいる間、常連客から「君は一人好きな仕事していいやろうけど、このパンを食べてくれていたお客さんはどないなるんや」と言われるなど、多くの客から叱られた。「最後は女房がポンと肩を押してくれて、踏ん切りがついたんですわ」と話す。

幸い、週末ごとに父を手伝っていたおかげで少しはパンづくりの知識があった。継ぐにあたり、フロインドリーブ二世に挨拶へ行った。そのときに言われた言葉を今も大事にしている。

「原料（の量）はケチるな、一番いいものを使え、一生懸命やれ。この三つを守れば、ほかのパン屋がどれだけやってきても、負けることはない」

「私の父親がここでパンをつくれたのは、フロインドリーブのおかげです。それからお弟子さんもたくさんいます。僕は親父から教わってまだその味を覚えていますから、何とか後継したいと思っています」

薪が手に入らなくなって数年前に窯にガスを引いたが、手でこねてつくる方法に、息子も賛成している。私がお店を取材したのは営業時間終了後だったが、電気がついているのを見てパンを買いに来る客がいた。世間話を交えて優しい顔をして対応する善之さんは、毎日食べて飽きないその味を、息子さんと伝えていくのだろう。

3 デニッシュとセルフサービスの店

移民が築いたパン文化

次なる舞台は広島市である。なぜなら、現在主流となっている、客がパンをトングで棚から取ってトレイに載せ、レジへ持っていくスタイルは、広島市で生まれたからである。このスタイルを始めたのが、全国にベーカリーチェーンを展開する、現在のアンデルセングループである。

広島県は約七割を山地が占めて農地に向く平野部が狭いため、戦前アメリカなどへ多くの移民を出した。移民たちは必ずしも現地に定住せず、お金が貯まると生まれ故郷に戻った。アメリカで習い覚えた技術を持ち帰る者も多く、その中にパン屋もあった。広島市民は、総務省の家計調査で二〇一三〜二〇一五年のパンの平均支出金額が全国九位のパン好きだが、そのベースは元移民たちが築いたと言えるかもしれない。

もう一つ、広島市のパン食文化を考えるうえで忘れてはならないのは、日清戦争で大本営が置かれ、その後も軍の重要な拠点だったことである。兵糧のパンが大量につくられたことが、製パン技術の向上に役立ったと思われる。しかし、街としてのその重要性が悲劇を呼ぶ。一九四五（昭和二十）年八月六日、世界で最初に原爆による攻撃を受けたのである。たった一発の爆弾で街は壊滅し、「七十年間は草木も生えぬ」と言われたが、すぐに人々は戻ってきてバラックを建て、生活を再開した。

陸軍の情報将校だった高木俊介《たかきしゅんすけ》と妻の彬子《あきこ》が、広島市の比治山橋《ひじやまばし》のたもとでパン屋「タカキのパン」を開いたのは一九四八（昭和二十三）年である。高木は戦後、シンガポールのパン工場で食べたイギリス式の山型食パンの味が忘れられなかった。職人一人と手伝いの女性一人を雇って始めたパンの味が評判となり、ほどなく委託販売先の商店を県内に二十店舗近くにまで広げ、一九五一年には株式会社化する。タカキベーカリーの名前によるパンの卸売は、現在もアンデルセングループの柱の一つである。

一九五二（昭和二十七）年には市の目抜き通りの本通に、まだ庶民の日常食にはなっていなかったサンドイッチを売るイートインスペースを設けた直営店「パンホール」を開く。主力のパンは山型食パンである。『アンデルセン物語』（一志治夫著、新潮社、二〇一三年）には当時、「食事用のパンは、日本の生活習慣にはまだ定着するには至っていなかった。その習慣を根本から変えようとしていたのである」とある。

パン食文化から伝えたい、と考えた高木夫妻が始めたパンの新しい売り方が、レストランから引き抜いた職人がつくるサンドイッチだった。最初に開発したのがハムとポテトサラダのサンドイッチ。六年後に喫茶部を加えて拡大リニューアルした店では、サンドイッチが十種類以上にまで拡大していた。

セルフサービス式のパン屋

一九六七（昭和四十二）年、高木夫妻は本通にあるルネッサンス様式の美しいビルを買い取り、パン屋とレストランの複合店「広島アンデルセン」を開く。この建物は一九二五（大正十四）年に三井銀行広島支店として竣工した被爆建物である。爆心側の西壁は大半が崩壊し屋根も半分が落下した。修復されて三井銀行、広島銀行が入った後、農林中央金庫広島支所が使っていたが空くことになり、高木は「ビルを買わないか」と持ちかけられたのである。

利用法を検討するためヨーロッパを訪れた高木夫妻は、ローマで古い建物が菓子メーカーの直営店として使われているのを見て、店として使うことを決めたのである。しかし、この建物には強度を保つために多くの柱が使われており、使い勝手が悪かった。当時、パン屋はショーケースの中にパンを置き、対面販売していた。高木夫妻が開く新しい店も当然その方式を導入する予定だったが、柱が邪魔でショーケースが中に入らないことが判明する。

思案の末、以前高木が欧米視察で各国を回った折に撮った、メキシコの工場でお菓子を積んだ棚の写真がヒントになった。棚に並べたパンを選ぶセルフサービス方式は、近代建築の建物を支える柱を避けた商品陳列法として生み出された苦肉の策だったのだ。

このセルフ方式は同業者の注目の的で、準備中の店を見に来た他店が真似し、先に取り入れてしまう事態が起こるほどだった。そして、トレイに載せて自分で選ぶ方式だとパンをついたくさん買い過ぎてしまう傾向もわかり、全国に広まったのである。

戦前の広島の繁栄を伝えてきた貴重な建物はしかし、二〇一五（平成二十七）年に耐震性向上のための全館建て替えが決まり、二〇二〇年頃まで営業休止中である。

デニッシュが開いた道

アンデルセンが始めたもう一つの試みは、広域で展開するベーカリーチェーンである。それはデニッシュ・ペストリーの導入から始まった。

話は一九五九（昭和三十四）年にまで遡《さかのぼ》る。この年九月、高木は日本パン技術研究所が計画した欧米視察に参加した。視察先はイタリア、エジプト、スイス、フランス、イギリス、西ドイツ、デンマーク、アメリカ、メキシコの九か国。ほかに神戸屋などが参加していた。

海外視察で高木が得た最大の収穫が、デンマークで出合ったデニッシュ・ペストリーだった。コペンハーゲンにあるホテル・ヨーロッパで朝食に出たもので、生地の間にバターを練り込み、何層にも分かれたサクサクの生地は、今まで食べたことがないものだった。

そして、デンマークからパン職人のピーターセンを招いて指導を受け、一九六二（昭和三十七）年に日本で初めてデニッシュ・ペストリーを商品化した。日本人になじみのないパンは当初売れなかったが、一九七〇（昭和四十五）年に東京・青山で開いた「青山アンデルセン」では、横浜あたりから黒塗りの車で買いに来る人や、配達を頼む人が現れるなど大きな人気を博した。

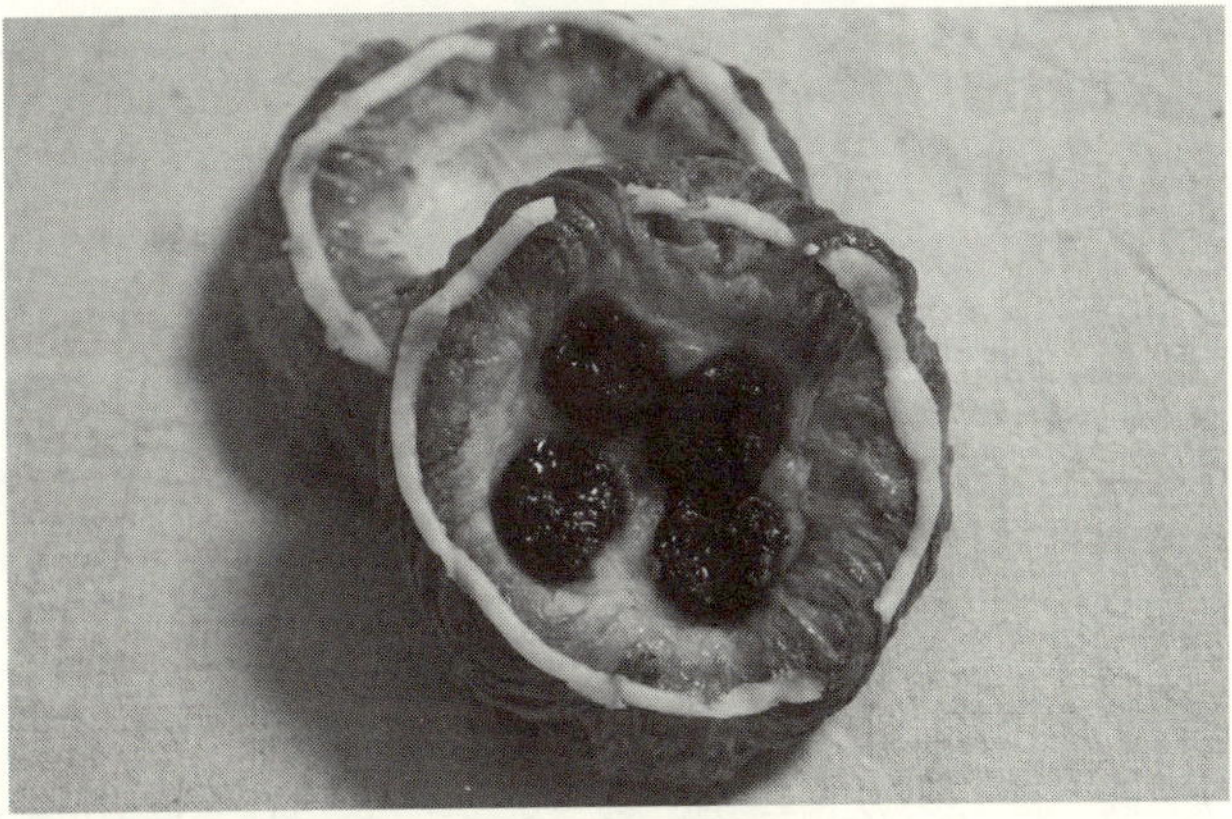

甘くサックリと軽いアンデルセンのデニッシュ・ペストリー

高木がもう一つ持ち帰った課題に、冷凍パン技術があった。発酵した生地を冷凍しておけば、いつでもおいしいパンを焼くことができる。そして、パン職人の夜中からの長い労働時間も短縮できる。

しかしこの技術による量産体制の完成には七年を要した。一九六七年の時点でも「うまく冷凍したつもりでも、焼いてみるとパンの表面にシワが出たり、気泡が生まれたりした。とても売り物にはならなかった」(『アンデルセン物語』)。

そこで改めて一九六八年に北米と南米に視察に行く。アメリカ・コネチカット州のカントリーホーム社で効率よく冷凍パンを製造するシステムに驚いた高木は、すぐに技術者の城田幸信を呼び寄せる。工程から店内のレイアウト、冷凍庫のメーカーまで細かくノートをつくり、技術を吸収する。そして完成した方法が、予備発酵させたパン生地を二～四℃で低温発酵させて熟成させた後、冷凍保存することで、必要なときにパンを焼けるという「パンの低温製造法」だった。

このシステムでパンを製造する日本初の工場は一九七〇年に広島県千代田町に完成。一九七二年には特許も取得したが、その技術を高木はすべて公開した。市場を育てるためである。

冷凍技術があれば、パンは工場でまとめてつくって店に運び込めばよい。店には熟練した職人も必要ないし、オーブンがあれば香り高い焼きたてパンを提供できるのである。こうして生まれた日本の新しいパン屋のトレンドが、ベーカリーチェーン展開である。

アンデルセングループは一九七二年から「リトル・マーメイド」を展開。東急グループの東急フーズは一九七〇年から「サンジェルマン」を、山崎製パンは「ヴィ・ド・フランス」を一九八三（昭和五十八）年から、神戸屋も一九八二（昭和五十七）年から「神戸屋キッチン」を展開している。

神戸屋の創業者、桐山政太郎も高木俊介と同じく広島県出身だ。一九一四年、神戸を代表する老舗の西村製パンに就職。大阪へパンを配達する販売員の仕事に従事した。当時、西村製パンは人気が高く、神戸から大阪まで阪神電車で四往復することもあった。そのため自らメーカーになろうと、三十一歳の一九一八年に大阪・出入橋につくった工場が始まりである。神戸屋という名前は、神戸のブランド力を使おうと考えてつけた。

一九七五（昭和五十）年からベーカリーレストラン「神戸屋レストラン」を展開する神戸屋も、パン食文化を日本で広めることに力を注いでいる。二〇一二年五月十七日、経済番組の『カンブリア宮殿』（テレビ東京系）に出た二代目社長の桐山健一が、「神戸屋レストラン」では洋食に合わせる主食としてご飯を注文する客が多かったので、何とかパンを選んでもらおうとメニューを工夫し続けて今日に至っている、と語っている。

アンデルセンは、広告でもパン食の魅力を伝えた。例えば一九七二（昭和四十七）年から二十年以上に渡りくり広げた朝食キャンペーンでは、具体的な商品紹介ではなく、パンを食べることを前提にした朝食の重要性を説く広告を新聞に出す。主食は食文化の中心にある。新しい主食を提案するということは、新しい食文化を築くことなのである。

高度成長期を経て、欧米的なライフスタイルへの憧れが庶民にまで広がったこともあり、パンを朝食に取り入れる家庭はふえていった。その一端を、アンデルセンも担っていたのである。

4　一九六五年のパン革命

最初の食事パン

次はフランスパンの話をしたい。私たちが「フランスパン」と呼ぶのは、主に細長いバゲットか、少し太めだがやはり長いバタールである。フランスにはほかにもクロワッサンなど多様なパンがあるが、バゲットまたはバタールを私たちがフランスパンと呼ぶのは、「細長くて固い皮のパン＝フランスパン」と印象づける一大ブームがあったからである。

日本にフランスのパンが入ってきた歴史は案外古く、幕末まで遡る。フランスのパンは、小麦粉と水と塩と発酵だね（酵母）のシンプルな材料を使い、手で形を整えて焼くものが基本である。皮が固く中が柔らかい。

小麦粉の食品の面白いところは、大きさや形を変えるだけでさまざまな味わいが楽しめることで、パスタも太さや形が違うだけで、味も合うソースも変わる。フランスのパンも、さまざまな形と大きさのものがある。皮の食感と香りを味わうならバゲットが、ふわふわの中身を楽しみたいならバタールがよい。バゲットは二十世紀初頭に生まれたパンな

フランスパンの代名詞的存在のクーペ（真ん中）やカンパーニュなど

写真上側の細長いパンがバゲット、下側の太めで短いのがバタール

ので、日本に入ってきた当初のものは、保存性が高く手で形を整えるラグビーボール状の先が尖《とが》ったパン、クーペだったと考えられる。

幕末の動乱期、幕府はフランスの、倒幕派の薩長はイギリスの後ろ盾を得て近代的な軍隊をつくった。そのため、日本の近代化の礎《いしずえ》はフランス文化の輸入から始まった。軍事に思想、そして食文化もフランスから輸入した。だから、開港地で多くの外国人が住んだ横浜でまず広まったのは、フランスのパンだったのである。

明治に入ると、薩長が政府の中枢を占めたので、イギリス文化の導入が主流になっていく。その結果、一八七七（明治十）年以降、日本で食事パンといえば型に入れて焼くイギリス食パンを指すようになっていく。この頃、イギリスの影響力が強くなったことや小麦粉の価格が下がったこと、日本人職人の技術が向上したことなど、さまざまな要因が考えられるが、柔らかい皮も日本人の好みに合ったに違いない。

しかし、幕府が政権を新政府に明け渡したからといって、フランスが日本から完全撤退したわけではない。少なくとも神戸にはフランス人のパン屋があった。

外国との交易が盛んになってくると、ホテルが必要になる。最初にできた本格的な西洋式ホテルは、一八六三年に横浜居留地にできた横浜クラブで、つくったのはイギリス人だった。日本人の手による最初のホテルは一八六八年、築地居留地にできた築地ホテル館。続いて江戸ホテルができ、精養軒ホテルが一八七二年である。

この年二月、築地居留地は大火に見舞われ、ホテルも消失してしまう。九月には日本で最初の鉄道が新橋―横浜間で開通して、横浜に住む外国人が東京に日帰りできるようになったこともあり、居留地は築地で再興しなかった。

しかし、パンの文化は築地に残った。開業当日に大火に遭った精養軒ホテルに雇われていた料理長がフランスで修業したスイス人で、カール・ヘスといった。名前が英語読みで「チャーリー・ヘス」と読めることから、「チャリヘス」の愛称で親しまれた。再建されたホテルの規模が小さかったため、ヘスが一八七四（明治七）年、築地に開いたのが「チャリ舎」というパン屋である。

「チャリ舎」は本格的なフランスパンを焼くので、評判が高かった。また、日本人女性の綿谷よしと結婚し、日本でパンの発展に尽くしたチャリヘスのもとでは、多くのパン職人が育つ。その中に、「新宿中村屋」が三越の新宿進出に際し、テコ入れするために雇った石崎元次郎がいる。『パンの明治百年史』では、「彼（石崎）はこの築地が東京における食パンの誕生地であると断言『この築地居留地はアンパンの元祖木村屋総本店と共に永遠に業界史に記録さるべきであろう』」と証言している。
ヘスは一八九七年に五十九歳で亡くなる。「チャリ舎」は弟子によって引き継がれ、昭和初期まで京橋で営業していたそうである。

日本人のフランスパン店

現存する最古のフランスパンの店は、近隣に日本女子大学や獨協中学・高等学校のキャンパスがある東京の文教地区の一角、文京区関口の「関口フランスパン」である。この店は一八八八（明治二十一）年、小石川関口教会（現カトリック関口教会）が、経営する孤児院の子どもたちに手に職をつけさせようと発足させた製パン部が始まりである。神父はあらかじめ子どもたちの一人、長尾鉀二を現在のベトナム、フランス領インドシナへ派遣して修業させている。

工場ができた翌年から三年ほどコメが凶作に見舞われたこともあり、パンは予想以上によく売れた。そこで教会は本国から石窯の構築要領書を取り寄せて日本人の職人「石藤」こと合田藤八に石窯をつくらせた。小麦粉もフランスから輸入して本格的なパンを焼いたので、在留外国人や大使館はもちろん、西園寺公望などフランスに留学した経験のある日本人などにも喜ばれた。

また、学校へもパンを卸しており、フランス人宣教師が一八八八年に創立した暁星《ぎようせい》学園では、寄宿生にフランスパンが配られていた。『パンの明治百年史』には、明治後期に在学した元暁星生徒の回想が出てくる。

「運動場でそうしたスポーツに熱中するが、毎日その時間には必ず大きな竹籠に入れたフランスパンが一個ずつ私達のお八ツとして配られたものだ。それは木村屋の菓子パンと似ても似つかぬ、塩味の実においしい食パンであつた。もとよりバタもなくジャムもなく、ただそれだけを囓（かじ）るのだが、何ともいえないうまみがあつた」

ところが一九一四年、第一次世界大戦が勃発。フランスが主戦場となったため、後ろ盾を失った教会の孤児院経営は立ちゆかなくなる。そこで教会は、熱心な信者の高世《たかせ》啓三《けいぞう》に、製パン部を引き継いでほしいと頼むのである。

高世は小田原ガス会社の創業社長であったが、教会の申し出を受けてパン屋の経営を引き受けた。新工場を建設し、改めて「関口フランスパン」として発足したのが一九一六（大正五）年である。コメ騒動の勃発でコメ不足になったこともあり、パンはよく売れた。パンの有望性を認識した高世は商売に一層力を入れ、「チャリ舎」と双璧、と言われるほどに高く評価される。

本格フランスパンの店が日本人に引き継がれた第一次世界大戦中は、食事としてのパンが日本人の間にも広まってきた頃で、東京には塩味のフランスパンが受け入れられる土壌ができつつあったと言えるだろう。

フランスパンの神様、来る

フランスパンをこよなく愛するアメリカ人研究者が執筆した『パンの歴史　世界最高のフランスパンを求めて』（スティーヴン・L・カプラン著、吉田春美訳、河出書房新社、二〇〇四年）には「今日、日本で作られているフランスパンは、日本で普及し始めた当時、すなわち三〇年以上前には先駆的であった、カルヴェルの方法にさかのぼる」と書かれている。このカルヴェルこそ、日本にフランスパンを根づかせた立役者である。

レイモン・カルヴェルは一九一三年、フランス南部のラングドック＝ルション地方に農家の息子として生まれる。パン屋で修業中に受けた製パン講習会で最優秀生となったことから、二十三歳だった一九三六年にパリの国立製粉学校に招かれる。一九三九年には教授となり、フランスのパンの技術指導に多大な貢献をする。

『パンの歴史』にはくり返しカルヴェルが登場しており、フランスのパンの歴史を語るうえで不可欠な人であることがうかがえる。一九七八年に退官して名誉教授となると、ヨーロッパのほぼ全域、北米、南米、日本、中国を回って指導した後、二〇〇五年に他界した。

カルヴェルが初来日したのは一九五四（昭和二十九）年九月、東京パンニュース社（現パンニュース社）と食糧タイムス社共催、農林水産省、厚生省（現厚生労働省）後援で開かれた国際製パン技術大講習会に招かれたときだ。ほかに、カナダのクロウハースト、神戸のハインリッヒ・フロインドリーブ二世も講師を務めている。七十日間、全国十七か所で開かれた業界向け講習会は大盛況。最も注目されたのが、カルヴェルが披露したバゲットだった。

それはどんなパンだったのか。『ビゴさんのフランスパン物語』（塚本有紀、晶文社、二〇〇〇年）から引用しよう。

「カルヴェル教授のフランスパンは皮がぱりっと固いのに、中はしっとりやわらか。身にはぼこぼこと不規則な穴が飽き、えもいわれぬパンのよい香りがしていた」

当時日本にあったフランスパンは、「噛みついても手でウーンと引きちぎらなければならない」もので、ふつうのパンは、「目の細かく整った均質なもの」だった。つまり、それは日本人が見たことがないパンだったのである。本物のフランスパンに出合った人々は、誇張ではなく感涙にむせんだ。そして、同席していた一人の若者に、日本で本物のフランスパンを焼きたいという夢を抱かせることになる。当時三十三歳、ドンクの藤井幸男社長である。

本格派への道

同じ頃、神戸では、のちに日本のフランスパン文化を牽引する「ドンク」が生まれていた。

ドンクの前身は、一九〇五（明治三十八）年に藤井元治郎《もとじろう》が三十歳で神戸市兵庫区の柳原御旅筋《おたびすじ》商店街に開いた「藤井パン」である。元治郎は、醬油業を営む家に一八七六（明治九）年に生まれた長男だった。印刷屋を営む傍《かたわ》ら、外国人が多い神戸で需要はある、とパン屋を開業する。職人は長崎で腕を磨いた人を雇った。一九一九（大正八）年、元治郎は亡くなり、末弟の全蔵が後を継ぐ。

全蔵が一九二三年に兵庫区の湊川トンネル西口角に開いたのが、ミルクホールを併設した店。当時は珍しかったショーケースにケーキやドーナツを並べ、夏はアイスクリームやかき氷も出す。ハイカラさで人を惹《ひ》きつけた店は、一九二八（昭和三）年に神戸有馬電気鉄道（現神戸電鉄）の始発駅、湊川駅ができたことでますます繁盛する。二年後には兵庫区和田宮通りの三菱重工神戸造船所前に移転。しかし、戦争で開店休業状態になり、一九四五年には空襲で全焼してしまうのだ。

「藤井パン」を再建したのは、全蔵の長男、幸男だった。生まれたのは一九二一（大正十）年。高等小学校を卒業すると店を手伝い、戦争で召集されるが無事生還。焼け跡の生田区元町通（現中央区元町）に場所を借り、一九四六（昭和二十一）年に近所に住んでいて親しかった藤木実と共同でパン屋を開く。藤木が早く経営から手を引いた後も店が順調な様子を見極めると、店の権利を父と弟の昇三に渡して自分は新しい店を開く。それが、一九四七（昭和二十二）年に生田区三宮町の柳筋（現中央区三宮町）にできた「ドンク」である。

当初はパンと洋菓子の卸売が中心。つくっていたのは、食パン、あんパン、ジャムパン、クリームパン、コッペパン、あんドーナツ、リングドーナツ、アップルパイなどの定番のものだった。独自の人脈で仕入れた良質な材料でつくったパンは、高価格にもかかわらず「朝の六時には大阪から仲買人が始発に乗ってやってきて、店の前で列をなして待っている」(『ドンクが語る美味しいパン100の誕生物語』(ブーランジュリードンク監修、松成容子著、旭屋出版、二〇〇五年)ほど人気が高く、固定客がふえていった。

一九五一年、幸男はドンクを株式会社化し、現在本店がある場所、三宮センター街のトアロード角に直営店を出す。パン部門の顧問として、高級ホテルの新大阪ホテル(現リーガロイヤルホテル)から本間喜久夫を引き抜き、一階で洋菓子とパンを売り、二階には喫茶室を設けた。その店には喜劇役者の古川緑波《ろっぱ》、宝塚歌劇団の八千草薫などの有名人が集うようになる。婚約前の美智子皇后も来店する。

パン講習会の後、「ドンク」に立ち寄って欲しいと懇願する幸男にカルヴェルは快諾。フランスパンを出したいなら、「漂白しない、臭素酸カリの添加のない小麦粉を使うこと」、「蒸気の出るオーブンが必要」という課題を与え、帰国する。

二人が再会したのは十年後。一九六四(昭和三十九)年二月、幸男がフランスに行きカルヴェルの自宅に招かれる。同年九月、再来日したカルヴェルは講習会などの日程を終えた後、再び「ドンク」を訪れた。その後、フランス大使館へ行ったカルヴェルは、翌年に日本で開かれる国際見本市にフランスパンのブースを設けるよう掛け合う。幸男は、その際使った機械をドンクで引き取り、来日するフランス人のパン職人とも契約を結びたいとカルヴェルに申し出る。日本に発つ職人として選ばれたのが、二十二歳のフィリップ・ビゴだった。

関西弁のフランス人

フルネームはフィリップ・カミーユ・アルフォンス・ビゴ。生まれたのは一九四二年、フランスのノルマンディ地方イヴレ・レヴェックという小さな町だ。当時、ノルマンディ地方はドイツ軍に占領されていた。ノルマンディ、そしてパリが解放されるのは一九四四年八月。

パン屋の二代目だった父が近くのサン・ピエール・シュール・ディーヴという町で、最新式の蒸気のチューブが張り巡らされた石窯を設置した店を開店する。当時は大きなパンを焼いておき、一週間かけて食べるのが普通。家で焼きたてパンを食べていたフィリップ少年は、友達の古いパンが欲しくて交換してもらったことがあるという。

十四歳で父の店に見習いで入るが、父と大げんかし、別のパン屋で修業を続け、十七歳でパリに出る。そして国立製粉学校でパン職人の職業適性証を取得し、正式な職人となった。一方、農業を始めた両親は失敗し、母が四十四歳の若さで亡くなってしまう。失意のある日、パン組合が日本の見本市でパンを焼く職人を募集していることを知り、手を挙げたのである。

一九六五（昭和四十）年四月、東京・晴海で開かれた第六回東京国際見本市。フランスパンづくりのデモンストレーションはテレビ中継までされ、大盛況となった。日本中にフランスパンの存在を知らしめたパン職人は約束通り、ドンクに招き入れられる。六月には神戸に蒸気の出るオーブンを入れたフランスパン専用工場も完成した。当初は「こんな固いパン、食べられませんわ」などと言われながらも、神戸の人たちにそのパンは受け入れられていく。爆発的なブームをつくった青山出店はその翌年。

世の中は高度成長期の真っ只中だった。一九六四年に開かれた東京オリンピックに合わせて東海道新幹線が開業し、高速道路ができた。東京では自動車の交通量がふえて路面電車が次々と廃止され、入れ替わるように地下鉄の新しい路線がふえる。

年率十%を超える高い経済成長のもとで小さな商店や工場が大企業に成長し、地方から大勢の人々が大都市に集まる。彼らが家族をつくり、郊外にできた団地などに住んだ。

食生活にも、食卓革命とも言えるほど大きな変化があった。電気冷蔵庫やテレビが家庭に入り、台所には板の間にステンレスの立流し、換気扇が入る。電気はもちろん水道もガスも行き渡る。食品の大量生産、大量流通のシステムが整う。その結果、乳製品を使ったクリームシチューやコーンポタージュ、肉を使ったハンバーグやとんかつ、レタスやトマトを使ったサラダも庶民の日常の食卓に並ぶようになった。

もちろんパンも取り入れられた。総務省の家計調査によれば、食パン（この調査の分類法では、コッペパン、バターロール、フランスパンなど基本的な原材料のみでできているパンのこと）の消費金額は一九六三（昭和三十八）年以降一九八一（昭和五十六）年まで、ほぼ右肩上がりで伸び続ける。パンと紅茶やコーヒー、卵などを並べた食卓がおしゃれだと受け入れられる。

パン全体の購入金額はグラフ（76ページ、図2－1）のように、おおむね上昇を続けており、急速に伸びるのは高度成長期が終わった昭和後期である。流行として受け入れられた消費文化が定着するのは、いつもその次の時代だ。流行の結果、供給体制が整うからである。パン食の場合、スーパーに食パンを並べる製パン会社が成長したことに加え、各地にベーカリーチェーン店ができ、焼きたてパンが気軽に食べられるようになった背景がある。「ドンク」チェーンのフランスパンの礎を築いたのはフィリップ・ビゴである。

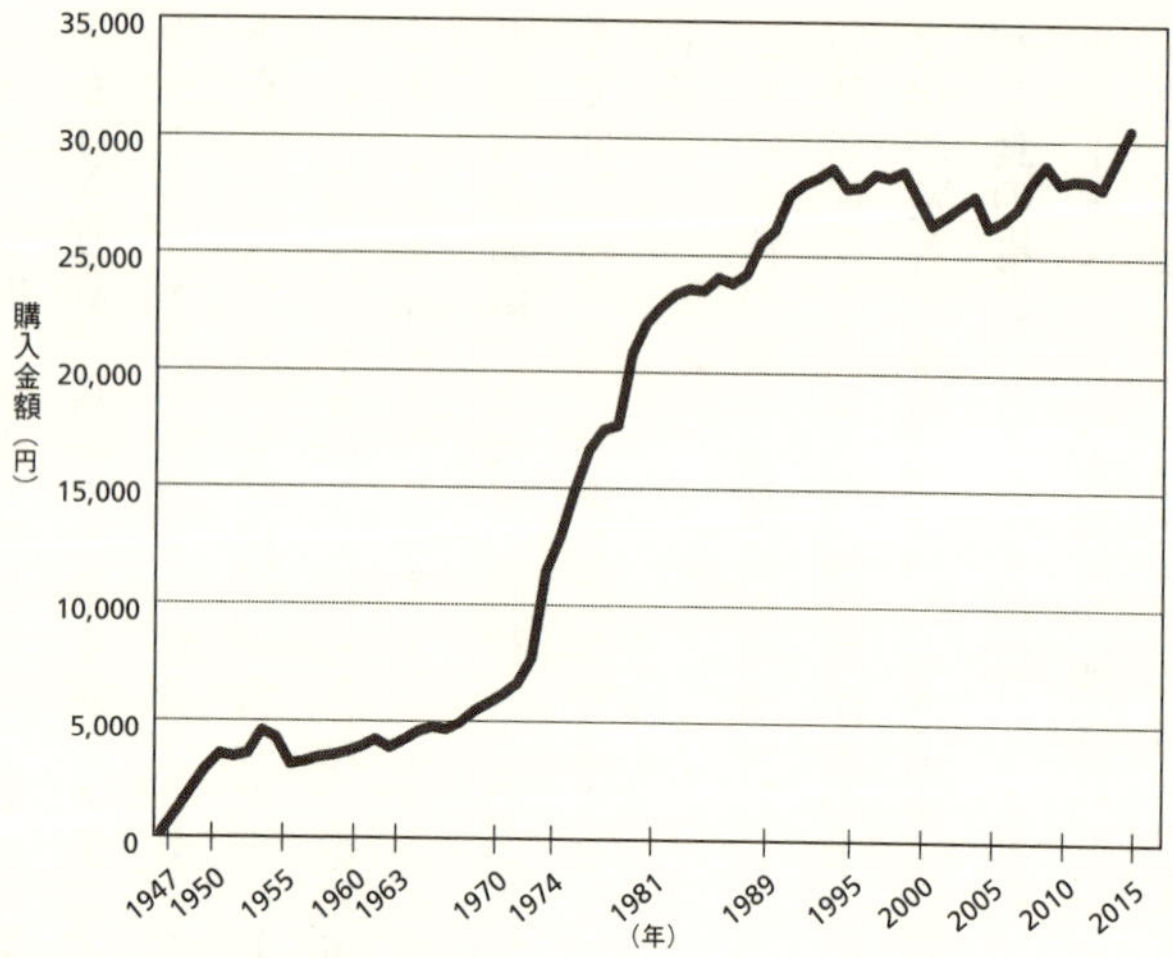

図2-1　パン購入金額の推移

「家計調査結果」（総務省統計局）（昭和22年〜平成27年）をもとに加工して作成

ドンクに入ってからのビゴは多忙だった。ドンクが一九六八年から全国でフランスパンのフランチャイズ・チェーンを展開し始めたからである。神戸店と青山店の基礎をつくった後も、札幌、名古屋、京都で店の立ち上げ時に指導を行う。チェーン展開する釧路、旭川、盛岡、仙台、厚木、松山、高松、福岡など二十か所以上の店も回る。その間に日本人の歌手、佳子に恋をし、当初は彼女の家族の反対にあうが無事結婚する。

日本に来て七年。独立を考えたビゴが幸男に報告に行くと、「ドンク芦屋店をビゴの店としてやらないか」と言われる。国鉄（現ＪＲ）の芦屋駅近くの松ノ内町にあった店を「ビゴの店」にしたのが一九七二年。

「奥様方が狭い通りにベンツを横付けし、パンを買う姿が見られるようにもなった。固いパンがめずらしく、今までのフランスパンとちがうということで、評判はよかったという。ビゴが直接販売を行うこともあった」（『ビゴさんのフランスパン物語』）

まもなく、フランスパンだけで一日五百〜六百キログラムの粉を仕込む大人気店となる。ビゴは、各界で活躍する在日外国人にインタビューするテレビ番組に出演。すると店はお客であふれ午後二時には完売という日々が続いた。ユーモアあふれる関西弁と、チャーミングなキャラクターが買われ、ビゴはその後もＮＨＫ『きょうの料理』など多くのテレビ番組に出演するようになる。

社長業で忙しいビゴが店にいる時間は短かったが、毎日パンのできあがりをチェックした。その厳しさを、立ち上げ時に入った松岡徹が『ビゴさんのフランスパン物語』で次のように証言している。

「たとえば、ビゴさんは焼き上がったパンを見て、『これダメ、窯の温度、ちがう。五度低い』って言うんですよ。五度くらい本当にわかるんだろうか、と試しに翌日やってみるわけです。結局いいものが実際に焼き上がって、何でわかるんだろう、と思うことになる」

ビゴの店では多くの職人が育った。神戸のフランス料理店、「コム・シノワ」のパン部門を立ち上げた後、二〇一〇（平成二十二）年に三宮「サ・マーシュ」を独立開業した西川功晃《たかあき》も、「ビゴの店」で修業した一人である。

ビゴは二〇〇五（平成十七）年、後進のためにレシピ本『フィリップ・ビゴのパン』（柴田書店）を出した。その冒頭にこんな言葉がある。

「パンは手のかかる子供のようなものだ。なによりも十分時間をかけて、ゆっくりと育てなくてはならない。早く発酵させることばかり考えて、イーストの量を増やしたり、高温で発酵させると、大きくふくらみはしても、熟成が追いつかず、香りや風味に乏しくなる。こういうパンは劣化も早い。ちゃんと時間と手間をかけて育てなくてはならないのだ」

「ビゴの店」のフランスパンは、皮がカリッと香ばしく、中身はふんわり柔らかい。食べると小麦の風味が感じられるが、主張し過ぎない。毎日食べて飽きない味なのである。

青山ベーカリー戦争

フランスパンが広く知られるようになるのは、高度成長期も半ばを過ぎた頃である。スタイリストの草分け、高橋靖子が青春期を回想したエッセイ集『わたしに拍手!』(幻冬舎、二〇〇七年)に、ブームを予感させるような話が出てくる。

「大学に入学した当時は、六〇年安保の真っ只中だった。私もなんとかしなきゃ、の思いに駆られて、デモに参加した。そんな時バゲットを二、三本抱えていると『なんだ、なんだ』と人目を引いた。当時、フランスパンそのものがめずらしく、そんなものを知らない学生が大半だった。私は、それを適当にちぎって周囲に配ってウケまくった」

このエッセイでは、朝早くから開店するフランスパンの店も紹介されている。原宿と恵比寿にあったという「メルカト・セブン・クオーター」という店である。

知る人ぞ知るものだったフランスパンが、東京で大きく注目を集めるきっかけは、一九六六(昭和四十一)年に青山に「ドンク」がオープンしたことである。当初は売れなかったがやがて口コミで噂になり、店の前に長い行列ができるようになる。もちろんメディアでも盛んに取り上げられる。一九六八年一月十九日号の『週刊朝日』の表紙に、フランスパンが入った「ドンク」の紙袋を抱えた女性の写真が使われるなど、東京ではフランスパンを小脇に抱えて歩くことが女性のファッションにもなっていた。

一九七〇年には「青山アンデルセン」もできる。「青山アンデルセン」で売られるデニッシュも、今までの菓子パンにはない食感と味で新しいモノ好きの東京人たちを夢中にさせた。両者の登場で、青山ベーカリー戦争と言われるほど、パンブームが加熱する。

二〇一〇年代、東京を中心にフランスパンなどヨーロッパスタイルのハード系パンがブームになっている。まずはファッションとして受け入れた半世紀前と異なり、今回のブームは味や食感を楽しむ本格志向の人たちがその中心にいる。そのベースにあるのは、「フランスパンの神様」と言われた研究者カルヴェルや、その功績を日本に定着させた「ドンク」、ビゴといった人々の貢献だった。

5 オーガニック時代へ

パンのつくり方

二〇〇一（平成十三）年、プロ向けの料理出版社の柴田書店から発売された『ルヴァンの天然酵母パン』というレシピ本がある。本文の最初に「国産小麦で天然酵母パンを作るために」と題した粉の解説文があり、続いて発酵だねの起こし方を説明するページがあり、その後でようやくパンのつくり方が始まる。

この本が出たあたりから、町で「天然酵母」を売りにしたパン屋を見かけるようになった。一九九四（平成六）年から積極的な宣伝を始めた「天然酵母」だねメーカーの草分け、ホシノ天然酵母パン種の商売が軌道に乗った時期とも重なる。パン屋を始めたい人、新しい商品を出したい人に情報が伝わったことで、「天然酵母」パンのブームが始まる。

では「天然酵母」とは何だろうか。そもそもパンは、どのようにつくるのだろうか。

基本の材料は小麦粉、ぬるま湯または水、塩、パンだね（酵母）。バゲットはこの材料だけでつくる。食パンには、砂糖、バターまたはマーガリン、脱脂粉乳や牛乳などの乳製品が加わる。このほかにレーズンやクルミなど、ほかの食材を混ぜ込んでつくるパンや、イーストフード、乳化剤などの食品添加物が入るパンもある。つくり方は次の通り。

① 材料を混ぜ、パンだねを加えて十分によくこねる。
② ひとまとめにして、一次発酵させる。

③ 手でパンチして、生地に弾力を与える。
④ 生地をパン一個分ずつに分割して丸める。
⑤ しばらく休ませた後、つくるパンの形に成形する。
⑥ 生地が二倍ぐらいの大きさになるまで、二次発酵させる。
⑦ オーブンに入れて焼く。

世界を回ればさまざまなパンがあるが、本書で取り上げるパンはヨーロッパで進化した発酵食品である。小麦粉に含まれるグルテンというタンパク質を利用して粘弾性（ふくらむ力）を高めた生地を、酵母の力で発酵させ、気泡がある滑らかな食感の食べものに変化させるのである。

酵母は単細胞の微生物で、生地に含まれる糖分を食べて分解し、炭酸ガスを排出してふくらませると同時に、アルコールその他の香味成分も出す。発酵させることで、パンは独特の香りや風味、味わい、食感を生み出すのである。

「天然酵母」って何?

次に考えたいのは、酵母に何を使うかである。パンに向く酵母はサッカロミセス・セレビシェという種類で、ビールやワイン、日本酒に使われるものと同種である。世の中で「天然酵母」と呼んでいるものは、果物や穀物に付着していたり空気中に漂うサッカロミセス属の野生酵母である。自家培養もできるが、管理が難しいので、市販の酵母だねの元(「スターター」あるいは「天然酵母だね」と呼ばれるもの)を利用しているパン屋や製パン会社もあれば、イースト(パン酵母)と併用している場合もある。

『ルヴァンの天然酵母パン』の発酵だねの起こし方は、次のような手順を踏む。

「レーズンを水に浸して発酵させ、その発酵エキスに小麦粉を加えては発酵させる作業をくり返し、酵母だねに育てていく。完成までに10日から2週間ほどかかる」

粉に酵母と水分を混ぜて発酵させたものを発酵だねと呼ぶ。工業的に大量培養したイーストができるまでは、発酵だねの保存が不可欠だった。フランスならルヴァン(小麦粉サワーだね)、ドイツなどライ麦文化圏にはライサワー(ライ麦粉サワーだね)がある。イギリスでは、ビール醸造技術を利用したホップスだねで食パンをつくる。イタリアのパネトーネには、非常に甘いパンでもしっかりふくらませるパネトーネだねが使われてきた。地域に生息する酵母と共生する乳酸菌によって、土地独特のパンを発達させてきたのだ。

長期に渡る資料発掘と取材をもとにした舟田詠子の『パンの文化史』（講談社学術文庫、二〇一三年）には、アルプスに伝わるサワーだねのパンのつくり方が出てくる。

「一つは乾燥型。アルプスの農家で、『サワー種はどこだ？』と訊くと、たいていの人は台所の棚の上を指さす」。保存し乾燥したサワーだねをふやかして発酵を促し、パンをつくる。年に数回しかパンをつくらない地方では、その都度数日かけて新しいサワーだねを起こしてパンを焼く。どちらも、家にすみついた酵母を使って発酵させているのである。

小麦粉のパンはイーストだけでもつくれるが、小麦栽培が難しい寒冷地で育つライ麦は粘弾性の元である「グルテニン」をつくれないうえ、酵素活性も強いので、緻密《ちみつ》で均質なドイツパンらしさを出すために活躍するのが、ライ麦粉を水でまとめ、ライ麦に付着している酵母菌と乳酸菌を使ってつくるサワーだねなのである。ライ麦パンをつくるパン屋は、毎日ライ麦粉を加えてサワーだねの酵母菌と乳酸菌に栄養を与える。ぬか床と似た管理が必要なのである。

パン業界の教育・研究機関、日本パン技術研究所の原田昌博さんによると、イーストが普及した背景には、自家培養させた野生酵母を安定的に維持し続ける困難さがある。発酵だねは管理するのに手間と時間がかかり、パンをつくるには経験に裏打ちされた技術を要する。そのうえ、パンがふくらみにくい。あえて、野生酵母を使うのはなぜなのか。それはパンの味わいである。

日本パン技術研究所が二〇〇七（平成十九）年に発表した「天然酵母表示問題に関する見解」によれば、「昔ながらのパン種によるパンにはイーストでは得難い特殊な美味しさがある」。それは「酵母だけではなく共存するその他の微生物、特に乳酸菌の働きによって」パンに香り、風味、食感ができることによる。

「原点に近いパン」をつくる

天然酵母についてわかったところで、冒頭に紹介したレシピ本の話に戻る。フランスの自家培養酵母だねを意味する「ルヴァン」を店名にし、本を出したのは、店のオーナーである。店は代々木公園にほど近い東京の高級住宅地、富ヶ谷にある。「ルヴァン」のカンパーニュ317は、国内産小麦粉の中力粉と全粒粉を使い、自家培養酵母だねで発酵させたパンである。茶色い生地はずっしりと重たく、少し酸味があって、嚙みしめるほどに香ばしさが増す。無骨でしっかりしていて、どこか懐かしい。

東京都渋谷区富ヶ谷にあるルヴァン外観。隣にはカフェを併設し（写真右側）、パンに合う食事を提供している

「ルヴァン」オーナーの甲田幹夫さんは、一九四九（昭和二十四）年長野県上田市生まれ。下駄屋を営む両親が忙しく、「朝はみんな寝坊してトーストしたパンをかじりながら牛乳を飲んで、学校へウワーッと行く」環境で育った。

学生時代は一年間休学し、大阪万博（一九七〇年）で働いた後、二か月かけて日本一周をした。卒業後小学校の教師になるが三年で退職。半年ほどヨーロッパ各国を巡る旅をしてから飲料メーカーに就職した。当時、趣味のスキーにはまっていた甲田さんは、日本に入ってきたばかりのモーグルなどをやるフリースタイルスキーのクラブをつくった。クラブを通じて製パン機械の輸入を手がける人と知り合い、パンを製造する会社をつくるから、と誘われてまた転職。

その会社が扱うオーブンや石臼、ミキサーなどを備えた調布市のパン工場で働くことになった甲田さんにパンづくりを教えたのは、フランス人のピエール・ブッシュだった。本国でオーガニックレストランを営み、味噌など日本の伝統的な発酵食品の文化に惹かれて来日した人である。

甲田幹夫さん

「彼が天然酵母のパンをつくっていて、『今日はうまくできた』とか『うまくできなかった』と言いながらできた失敗パンが山のようにありまして、それを『ありがたい、ありがたい』ともらった。パン屋は余ったパンを食べれば、食べていける仕事なのかなという印象でした」と甲田さんは話す。
しかし、ブッシュは三か月後に帰国。あまり説明をしない師匠から見よう見真似で教わったことを、試行錯誤でつくるほかない。ほかのパン屋で修業しようとは考えなかったので、「イーストは知りませんでした」と言う甲田さん。レイモン・カルヴェルの著書にわずか一～二ページほど載っていた酵母のつくり方などを参考にしながら、独力でパンづくりを覚えた。

元の会社の社長がパンづくりから手を引くことになり、権利を買い取って一九八四（昭和五十九）年に始めたのが「ルヴァン」。卸先だった自然食品店が拡大していく時期と重なり、売上は伸びていった。口コミで人気になり、「このパンに光をあてたい」と都心に近い場所を探し、一九八九（平成元）年に現在の店がある富ヶ谷に小売店を開く。しかし、値段が高いことや、クセの強い味のため最初はなかなか売れなかった。

「酸味があるので、『腐っているんじゃないの』とも言われました。友達に半ば強引に食べさせると、三回目か四回目に『これ、ひょっとしておいしいのかな』と言う。外国の人が最初に、『こういう黒くてしっかりしたパンが欲しかった』と買ってくれました」

店舗が都心に近く、特徴があるヨーロッパスタイルのパンを、メディアが見逃すはずはない。まず雑誌『オリーブ』（マガジンハウス）が、続いて『クロワッサン』（同）が取材に来た。特に『クロワッサン』に出たときの反響は大きかったという。

やがて固定客ができ、雑誌などで何度も取り上げられるうちに店の知名度も上がり、遠方からもファンが訪れる店になった。また、店で修業した人が新たに開業したり、先のレシピ本を読んで開業する人も出るなど、後に続く人は少なくない。

マクロビオティックとパン

「ルヴァン」の人気の背景には、オーガニックなものに対する関心の高まりがある。

日本で無農薬栽培などのオーガニック農法に注目が集まったきっかけは、農薬のＤＤＴを世界で販売したアメリカの化学薬品メーカー、モンサントを例に挙げるなど、環境問題の深刻さを訴えた海洋学者レイチェル・カーソンの『沈黙の春』が一九六四年に翻訳出版され、日本の環境問題を取り上げた『複合汚染』（有吉佐和子著、新潮社、一九七五年）がベストセラーになったことだ。有吉は工業や農業の活動で生じる環境汚染だけでなく、食品添加物についても問題とした。本には、有機農業に取り組む農家も登場する。二冊は、日本でオーガニックムーブメントが始まる大きなきっかけになった。

日本の経済成長は農業の生産拡大と大きな関わりがある。一九五〇年代から農業の機械化が始まり、化学肥料や農薬を大量に投入して生産を急拡大させていく。果てのない草取りや牛・馬を使った手作業の耕作を効率化し、必要な人手がへる一方、生産コストが大幅にふえたことで若者たちは集団就職で都会に出ていき、大人の男たちも出稼ぎに出る。一九六〇年代になると「じいちゃん」「ばあちゃん」「かあちゃん」による「三ちゃん農業」という言葉ができるが、それは大黒柱の「とうちゃん」が都会に出稼ぎに出て農業に関わらなくなるからだ。彼らは発展する都会の高速道路やビルの建築現場を支えたのである。

有吉の本にも出てくるが、農村に残って農薬を使う人の中には、心身の不調を感じる者がふえていく。都会でも、訴訟になった水俣病、四日市ぜんそく、イタイイタイ病など、さまざまな公害問題が発生していた。川は汚れて異臭が発生し、青空が見られる日も少なくなった。

一九七一（昭和四十六）年に有機農業研究会が生まれ、農薬や化学肥料に頼らない農法が模索され始める。一九七五年には「大地を守る市民の会」（翌年「大地を守る会」に改称）が誕生。あえて生産性が低い農業を始めた人たちを支え、安心できる食べものを手に入れようとする都会の主婦を中心としたネットワークができる。草の根ブームメントが広がって、次の世代に受け継がれ、やがてそこに企業も参入するようになる。市場が拡大し混乱が大きくなったことから、国も二〇〇〇（平成十二）年にＪＡＳ法を改正し、有機食品の検査認証制度を制定する。

一方、日本で生まれアメリカで流行して逆輸入され、二〇〇〇年代に流行った健康法がマクロビオティックだ。玄米菜食を中心にし、素材を皮ごと使う。安全性や原料の背景まで気を配る食事法なので、マクロビオティックはオーガニックとも結びついている。

甲田さんが野生酵母を使ったパンづくりの支柱にしているのが、マクロビオティックの考え方だ。ブッシュもマクロビオティックの実践者だった。彼から教わった断片的な知識をもとに自分なりの方法論を手探りしていた頃、自然食品店で見つけたのが、マクロビオティックの世界的権威だった故久司《くし》道夫の著書『マクロビオティック健康法』（日貿出版社）だった。「これだ」とひらめいて、パンづくりにその考え方を取り入れることにしたのだ。

「砂糖は決して使わない。近くで採れたもの、あまり精製されていないもの、ナチュラルなものを使って手でつくるのが基本です」

甲田さんが素材を選ぶ際、基準にしているのが人だ。例えばスタッフの中に小麦アレルギーの人がいるから、とアレルギーが出にくいと言われる古代種のスペルト小麦を使ったパンをつくるなどの工夫をする。取引する生産者を決める基準も人柄だ。

現在使っているのが、栃木県産の小麦などで、農薬や化学肥料を使わない農法でつくられた材料だ。「北海道産小麦はタンパク質が多いんですけれど、僕はこちらの味のほうが好きで……。農林61号という小麦粉で、要はうどん粉です」。日本では手に入りにくいライ麦も国産品を使う、徹底的な国産の原料中心のパンなのである。

国産小麦ブーム

ここ数年、パン屋やスーパーで目につくようになったのが国産小麦使用を謳《うた》ったパンである。産地は北海道が中心だが、関東や東海地域、北部九州にも産地があるらしい。パンの棚に国産小麦コーナーを設けるスーパーもある。なぜ急に国産小麦使用がふえたのだろうか。背景を探ってみよう。

パン屋での流行ぶりから、国内の小麦生産量がふえているのかと思いきや、実はそうではない。農林水産省の農林水産政策研究所の吉田行郷《ゆきさと》さんによると、一人あたりの小麦供給量はこの半世紀安定している。国産小麦の自給率も、特に大きく伸びたわけではなく、平成二十五（二〇一三）年度はカロリーベースで十二%に過ぎない。変わったのはその品質だ。以前は国産小麦は輸入小麦に混ぜてさまざまな小麦粉製品に使われていた。それが十年ほど前からパンに適した小麦が全国各地で栽培され始め、二〇〇〇年代に広まった地産地消のムーブメントと相まって、意識的に選んで使うパン屋や製パン会社が現れた結果、パンの材料として表示されるようになったのだ。

小麦粉には、タンパク質の含有量が多い順に、食パン用の強力粉、ラーメンに向く準強力粉、うどんに向く中力粉、天ぷら粉やケーキに向く薄力粉がある。また、パスタに向くデュラム・セモリナ粉はタンパク質の含有量が多い。「うどん粉」という呼び名があったことからわかるように、日本には、もともと中力粉に向いた品種の栽培に適した産地が多い。

地産地消が唱えられるようになったのは、消費者のあいだで食の生産工程を明らかにするトレーサビリティへの関心が高まったことに加え、昔ながらのつくり方の食品を守り広めようとする、イタリア発のスローフード運動が日本で紹介されてブームになったことなどがきっかけだ。生産者側でも、農業人口がへり停滞している地方を活性化しようと、地元産の食材の品質を向上させブランド化しようとしている。ここ数年は在来種の野菜や穀物も注目されている。

国の研究機関である農研機構で、二十〜三十年かけて行われてきた品種改良の成果が出て、各地でパンに適した小麦の品種が誕生し始めたのが二〇〇〇年代。その代表が、北海道農業研究センター（北農研）が十三年かけて開発し、二〇〇九（平成二十一）年に品種登録した「ゆめちから」だ。「ゆめちから」は病害虫に強いため収穫が安定し、使用する農薬も少なくて済む。さらに、大手が使用できるだけの量と品質を備えていた。

北農研が農水省に「『ゆめちから』の付加価値を高め、自給率を向上させることが狙い」（『ゆめのちから』盛田淳夫著、ダイヤモンド社、二〇一四年）の食品開発プロジェクトを申請し、承認されたのが二〇一〇年。そこへ製パン会社として参加したのが敷島製パンである。「ゆめちから」を使ったパンは、二〇一二年から発売が始まった。

そもそも梅雨がある日本は、パン用小麦の生産にあまり向いていない。農林水産政策研究所の吉田さんによると、小麦をパン用に育てるにはタンパク質含有量を高くしなくてはいけないので、追肥が必要になる。地方によっては生産者に高齢者が多く、春に追肥するために重い肥料の袋を運ぶ負担が大きい。しかも、収穫期が中力粉に向く品種より遅く梅雨と重なるので、雨に当たりやすい。雨に当たると発芽したり病気が発生したりするため、肝心のパンの材料として使えなくなるのだ。

そのため、近年梅雨がない北海道を中心にパン用小麦の生産量は拡大してきたが、岩手県、長野県、兵庫県、山口県などでも新しい品種がつくられている。農水省も補助金を追加するなどしてパン用小麦をつくる生産者を支援する。

二〇〇〇年に国産小麦の流通制度が変わったことも、生産者がより良質な品種の生産に力を入れるようになったきっかけの一つだ。吉田さんによると、それまで小麦は国がいったん買い上げて製粉企業に売っていたのが、国産については農協と製粉企業が直接取引をするようになり、品質が高いもののほうが高く売れるようになったのである。

小麦全体の国内生産量は一九七〇年代にかけて低下した。コメの増産を優先した高度成長期の政策がアダになったのだ。二〇〇〇年の新しい流通制度も、食糧管理法が一九九五年に廃止されてコメの流通が自由化し、市場が活性化したのを受けて始まっている。小麦の生産は、常にコメの生産とリンクしているのである。それは日本人にとって第一の主食がコメであり、小麦はコメの代用食糧として受け入れられてきた歴史があるからだ。

次章では、その役割分担がパンにどのような影響をもたらしたのかを考えてみたい。

第三章　カレーパンは丼である

1 日本人と小麦

中華圏のパン文化

日本人のパンの好みは大きく二手に分かれる。コッペパンなどの柔らかいパンか、フランスパンのようなハード系パンか。圧倒的に多いのが柔らかいパン派である。本章では、柔らかいパン人気の背景に、どんな歴史があるのかを探りたい。そもそもなぜ日本人は柔らかいパンが好きなのか。

そのヒントが、二〇一四年、二〇一五年と二回旅行した台湾にあった。台北で泊まったホテル近くの朝市で果物を買い、パン屋で買ったパンと烏龍茶で朝ご飯。至福の時間に一つ気になることがあった。カンパーニュやクーぺらしきパンの皮が、柔らかいのである。

疑惑は、台湾人の知人に連れられて入ったドイツパンを売りにするカフェで確信に変わった。ドイツと言えば、フランスと並ぶハード系パンの国である。昔、ドイツ旅行で食べた小さいパン、ブローチェンも皮はみんな固かった。しかし、台北ではドイツパンを売りにしたカフェのパンも、柔らかかったのである。

中華圏は、柔らかいパン文化圏なのではないか。この疑問を、中国、香港、台湾でホームベーカリーを販売するパナソニックでぶつけてみた。マーケティング担当の田中藤子さんは、「好みが日本と似ていて、柔らかいパンが好きみたいです」と教えてくれた。そして、「モチモチの食感と聞くと、おコメ文化圏の日本人は『すごくおいしそう』と思うけれど、西洋人は多分そんなに好きではない」とつけ加える。

似たことを、敷島製パン広報室の加藤博信さんからも聞いた。「日本のパンは技術革新をした結果、お客さまのニーズに合わせて、ザクザクした食感もできればふんわりも、もっちりも、しっとりもできる。この食感は全部和食のもの、和食文化なのです」と言う。

両者とも、日本人の柔らかいパン好きの理由を、コメを中心に築いてきた和食文化にみている。しかし、私には背後に、中国発祥の粉もの文化もチラついて見える。

日本に入ってきた粉ものから考えてみよう。肉まん（豚まん）は一九一五（大正四）年に神戸・南京町の「老祥記」が売り出したのが最初で、ラーメンは一八八七（明治二十）年頃、横浜の中華街で売られていた南京そばがもととなり、ぎょうざは戦後、満州からの引揚者が伝えた。中華料理の粉ものに共通するのは、柔らかい食感でほかの具材と一緒に食べる点。具を包んで食べるぎょうざや肉まんは、惣菜パンを連想させる。いずれも日本に登場してから歴史は浅いが、中国では、具を包んで蒸す料理、包子《パオズ》と麺類の歴史は古い。

しかし、実はもっと古い中国由来の粉もの料理が日本にはある。何しろつき合いが長いのである。

まんじゅう到来

日本に小麦が伝わったのは、弥生時代と言われている。中央アジア原産の小麦は、中国北部から朝鮮半島を経て、日本に伝来した。小麦は、西側のヨーロッパへも伝わっていく。そして、西と東で異なる発展をした。

中国伝来の最初の粉ものは、仏教とともに入ってきた「唐菓子」である。粉に水と甘味料を加えて練り、油で揚げたもので、日本人にとって初めて加工して食べるお菓子だった。唐菓子は、神社の神饌《しんせん》として受け継がれているほか、かりんとうなどの駄菓子にも発展した。

独自の発展をした粉ものに、まんじゅうがある。ルーツは中国北部の包子である。おいしくて安く、手軽なため、彼の地で庶民の日常の食事として広まっていった。現在も幅広いバリエーションを持っている。

日本に伝わった経路は二つある。一つは宋の国から一二四一（仁治二）年に帰国し、現在の福岡市博多区の承天寺《じょうてんじ》を開いた僧・聖一《しょういち》国師による「酒素饅頭《さかもと》」である。甘酒を混ぜて発酵させる製法を、立ち寄った茶店の主人の栗波《くりは》吉右衛門に教えた。聖一国師は、そばなども伝えたとされる。

もう一つは一三四九（貞和五）年、宋から帰国する龍山徳見《とくけん》禅師に同行し日本にやってきた林浄因《りんじょういん》が、奈良に伝えたものである。奈良市漢国《かんごく》町の漢國《かんごう》神社境内にある林《りん》神社で、肉食を許されない禅僧のために、発酵させない生地を使い、小豆を煮詰めてつくった「餡《あん》」、つまりあんこを入れたまんじゅうを創作して売り出した。子孫が京都に出て塩瀬《しおせ》姓を名乗り、小麦粉生地を使ったまんじゅうの店を開いた。このまんじゅう屋が宮中や将軍家にも出入りを許され江戸に移った、のちの塩瀬総本家である。

まんじゅうの皮は小麦粉のほか、つくねいもをすりおろして生地に加える薯蕷《じょうよ》まんじゅう、コメ粉、そば粉、葛粉《くずこ》を使ったものなどがある。酒まんじゅうは博多に伝わったもので、小麦粉でつくった皮を発酵させてつくるものが基本形。

肉まん（豚まん）も、基本は発酵させてつくる。「老祥記」のパンフレットによれば、麹菌を使う独自の皮は、小麦粉でつくったたねを発酵させてつくり、肉のあんを入れて蒸す。

冷やして固める葛まんじゅう以外は蒸してつくるため、まんじゅうも肉まんも柔らかい仕上がりになる。一方、蒸す替わりにオーブンで焼けば、ヨーロッパのパンになる。西と東で異なる発展をした粉もの料理も、つくり方はどこか似ている。

庶民の主食、粉もの料理

中国の包子を甘いお菓子として受け入れた日本でも、粉もの料理は庶民の主食だった。その話をするにはまず、石臼の伝来から話をしなければならない。

比較的たやすく外皮を籾《もみ》として外せるコメと異なり、小麦は粒の真ん中に深い溝があって固い皮を外すのが難しい。小麦を日常食にするには製粉技術が不可欠で、小麦食文化圏では早くから臼が生まれ製粉技術が発達した。中国で発達した水車を使う技術を日本に持ち帰り、工場をつくろうとしたのが、まんじゅうを日本にもたらした聖一国師である。

日本では長らく餅搗《もちつ》きで使うような搗き臼が使われていたが、それでは粉の粒子が粗くなる。挽《ひ》き臼が普及して細かい粉が挽けるようになった結果、日本では小麦粉以外に抹茶やそば粉、コメ粉、きな粉、山椒の粉などもつくるようになる。

農家で挽き臼が使われるようになるのは、安土桃山時代である。昭和半ば頃まで現役で使われていた、手で回しながら粉を挽く、いわゆる石臼である。石臼が普及したことで発達したのが、麺類である。

コメの裏作として小麦の栽培が盛んになったのは、十二世紀初頭の平安時代。二毛作の始まりである。身分制度が確立された江戸時代になると、農民はコメを年貢として納めなければならないため、主食にしたり、収入源にするための麦作が一層盛んになった。

江戸時代中期になると水車小屋が発達する。江戸近郊では穀物商が粉屋も営み、水車小屋を設置して小麦粉、そば粉を大量に供給するようになる。江戸で、そば切りやうどんが好まれるようになっていたからである。

麺類も中国で生まれ、日本に伝わった。うどんがいつどのように伝わったかははっきりしないが、歴史に登場するのは、南北朝時代に書かれた『庭訓往来《ていきんおうらい》』や『節用集《せつようしゅう》』である。そうめんについても、この頃から文献に登場する。

山梨県の郷土料理ほうとう（写真提供：やまなし観光推進機構）

つゆにつけて食べるそば切りが生まれたのは室町時代後期で、発祥は信濃（現在の長野県）か美濃（現在の岐阜県）あたりとされている。

麺食は石臼の普及を背景に盛んになり、庶民の日常食になったのは江戸時代である。郷土料理として知られる麺のバリエーションも、幕藩体制が確立した江戸時代に発達した。

全国的に分布する「すいとん」は、小麦粉を水で溶いて丸め、野菜などが入った鍋で煮て食べる。南部藩（現在の岩手県の北部から青森県南部）では「ひっつみ」と呼ばれている。

山梨県に伝わる「ほうとう」は、うどん状の長い麺だが、うどんと違うのは麺に塩を入れないことである。カボチャなどの野菜と一緒に甲州味噌で煮込み、「ほうとう」が溶け出してとろみがついたものを食べる。武蔵野地方のうどんも、さまざまな野菜と一緒に煮込む。うどんは打ち方や形が異なるさまざまなものが全国各地にあり、食べ方にも各地に独自の工夫がある。

農村に伝わる麺類は、主食とおかずが一緒になった一品料理であり、忙しい農作業の合間に食べるものである。私たちは、和食の基本形は一汁三菜《いちじゅうさんさい》と思いがちであるが、庶民はずっと一品料理で済ませてきたのである。そして小麦粉を使った郷土料理の多彩さは、庶民の主食がコメではなかったことも物語っている。

ほんの数十年前までコメは都会の人々や上流階級の人々が食べるものであった。庶民のほとんどを占める農民は、正月や祝いごとなどの特別なときにしか食べられなかったのである。そして、ふだん食べている粉ものは柔らかく加工したものだった。国民の多くが粉食になじんでいたことを考えれば、近代になり、西洋の食文化がどっと入ってきた日本で、西洋のパンが受け入れられ、コメの代用食、やがて不可欠な主食の一つになったことは、当然の展開である。そして、広まったパンは、庶民にとってなじみ深い柔らかい食べものになっていった。

日本で西洋のパンが近代になるまで定着しなかったのは、長らく、隣国中国から文化や技術を学び、独自の食文化として発展させてきたため、箱で覆い輻射熱《ふくしゃねつ》で料理するオーブンの文化がなかったからである。幕末に開国して本格的に西洋の食文化を学んだ日本人は、パンを導入するにあたり、初めてオーブンを導入した。敷島製パンも関口フランスパンも、パン用の窯のつくり方から教わってパン屋を始めている。西洋式のかまどが使われるようになってはじめて、日本にパンが根づいたのである。

2　食パンはいつから朝食になったのか

日本初は横浜から

パンと言われて最初に思い浮かぶのは何だろうか。菓子パンや惣菜パン、懐かしの給食のコッペパン、フランスの香り漂うクロワッサン……。パンに対する思いも好みもそれぞれあるだろうが、誰もが納得する基本のパンと言えば、やはり食パンである。

何しろ朝食の主役の一つだ。スーパーではパンの棚の中心を占めているし、喫茶店ではバターが載った分厚いトーストが人気メニューである。薄くてサクサクした食感の八枚切りが人気の関東と、もっちりした中身を楽しむ五枚切りが人気の関西。ローカル文化の違いを語り合えるのは、食パンがすっかり定着しているからだ。

しかし、「食パン」に相当する言葉は、西洋にはない。フランスで「pain（パン）」と言えば、バゲットなどのシンプルな食事用のパンを指し、ドイツで「Brot（ブロート）」は、やはりシンプルな味の大きなパンを指す。英語では「bread（ブレッド）」となる。パンを意味する単語が基本のパンを指し、食糧を意味する言葉でもある。

日本語で「食パン」とわざわざ言うのは、パンがまずおやつとして受け入れられ、食事用のパンとして認識されるまで数十年以上かかったためだろう。

日本における食事用のパンの歴史は、幕末の横浜から始まる。横浜で最初のパン屋を開いたのは、横浜開港の翌年、一八六〇（万延元）年に開業した内海兵吉である。本牧《ほんもく》の出身で横浜運上所近くに店を開き、外国人相手にパンをつくって売った。「パンだか焼き万じゆうだかなんだかわけのわからないもの」（『ヨコハマ洋食文化事始め』草間俊郎、雄山閣、一九九九年）だったが、よく売れたそうだ。息子の角蔵は一八八八（明治二十一）年に県庁前へ進出、「冨田屋」の屋号で海軍や病院、船会社などにパンを売った。

続いて外国人もパン屋を開く。明治初頭には外国人の開いたパン屋が四軒ほどあったと言われるが、その中で最も成功したのが、イギリス人のロバート・クラークが山下町に開いた「ヨコハマベーカリー」である。開業した年には諸説あるが、幕末期とされる。クラークが帰国する際、弟子の打木彦太郎に譲ったのが一八八八年。それが現在も元町商店街で営業する「ウチキパン」である。同店は、創業以来の伝統を受け継ぎ、ホップスだね（30ページ参照）を使った山型の食パン「イギリスパン」を現在もつくり続けている。

当時、パンの発酵はコントロールが難しく、経験と勘に裏打ちされた職人技を必要とした。料理の歴史をひも解くと、必ず昔の職人は先輩から技を盗むのが大変だったという話が出てくるが、パンの場合も同じで、特に文化交流の蓄積がない幕末・明治期、外国人は日本人をなかなか信用しなかったらしい。パン屋を引き継ぐことができた打木は、稀有な存在だったと言える。

打木は横浜市南区中村町の大地主の一族だったが、激動の時代に乗り遅れまいと一八七八年、十四歳で「ヨコハマベーカリー」に見習いとして入り、十年の修業ののち、現在の「ウチキパン」を開いている。

イーストの誕生

職人の秘伝だった発酵の技が、誰でも習得できるものになるのは大正時代。イーストが日本に入ってきたからだが、その前にまずイーストの大量生産に至る歴史をおさらいしておこう。

パンだねを発酵させる酵母は、顕微鏡を発明したオランダの博物学者レーウェンフックが、一六八三年に発見した。一八五七年に化学者、細菌学者のパスツールが発酵のメカニズムを解明し、ヨーロッパ各国で酵母産業が発達する。「自然界から分離した酵母を効率よく増殖するように純粋培養する技術が開発され、パン生地中で高いガス発生力を示す酵母が製パン用酵母として市販され」(「天然酵母表示問題に関する見解」)始める。

大量生産が始まったのは、第一次世界大戦がきっかけ。酵母を育てる培地の原料、穀物やジャガイモの入手が難しくなったことによる。オリエンタル酵母工業株式会社のＷＥＢサイト「発酵とパン　今昔物語」に、「ドイツの酵母製造業者たちが代替物として廃糖蜜や肥料の硫安を使ってみたところ、良質な酵母が大量に生産できた」とある。培地を遠心分離器にかけ、水分を極力少ない状態にした酵母が生イーストで、さらに水分を飛ばして乾燥させたものをドライイーストと呼ぶ。

イースト誕生の経緯は、日本の酒造業や醤油醸造の歴史を思い起こさせる。大量の穀物を使う醸造業は、戦争になると立ち行かなくなる。その時代を見越して、ビタミンを発見した農学者、鈴木梅太郎らが研究開発したのが、デンプンや糖蜜などから製造する合成酒である。また、醤油も添加物で増量されるようになる。第二次世界大戦で食糧難になった日本は、酵母のエサにまで手が回らなくなるのだ。

イーストより「天然酵母」が安全に思われるのは、酵母を大量に増殖するときに使用する培養液に関する情報開示が不十分なため、いまだ不信感の対象になっているからだろう。

日本でイーストが開発されたのは、一九一五年。アメリカの製パン法を学んで帰国した田辺玄平による。田辺は一八七四年、山梨郡松里村（現山梨県甲州市）に生まれた。上京し、商業学校を出て台湾に渡るが鉱山の開発で失敗。アメリカに渡って現地の人たちの善意に触れ、民主主義の思想を学ぶ。農家の主婦がパンだねからつくるなど日常の中にあるパン文化を知ったほか、胃が弱い自分の体にパン食が合うといった発見もする。一九一〇（明治四十三）年に帰国、一九一三（大正二）年に東京・下谷黒門町《したやくろもん》（現上野）に食パン工場の丸十《まるじゅう》パンを開く。

発酵のプロセスを近代化してパンの製造を拡大し、近代日本が抱える食料不足の問題を解決したい、と国産イーストを開発した田辺は、求められればどこにでもパンのつくり方を教えに行き、開発したイーストを使用する人には、丸十パンの名で売ることを許す。その結果、パン屋の徒弟制度が崩れ始めるのである。全国から集まった田辺の弟子たちは、原料や資材を共同購入する互助会をつくった。この互助会がルーツの丸十パンの店は、現在も首都圏を中心に各地にある。

田辺が持ち込んだ製パン法が、ラードや砂糖を用いるものだったことから、日本ではヨーロッパスタイルの塩味のパンから、アメリカスタイルの食パンが主流になっていく。イーストの本格的な国内生産が始まるのは、大手企業が開発に乗り出す昭和初め。一九二七（昭和二）年、大阪の大手製パン会社だったマルキ号製パンがマルキイースト菌研究所を設立、製薬会社の三共（現第一三共）、大日本麦酒株式会社なども加わる。そして、専門メーカーのオリエンタル酵母工業が、一九二九（昭和四）年に創業する。北海道帝国大学（現北海道大学）農学部出身の北嶋敏三が麦芽根を利用したイーストの製法を発見し、日清製粉の正田貞一郎《ていいちろう》が中心となって企業化したものである。イーストを安定的につくる企業が参入し、パン大量生産の道が開かれる。

大手メーカーの躍進

大量生産には機械化も不可欠である。本格的な機械化の先陣を切ったのは、大阪のマルキ号製パンで、『パンの明治百年史』によると、一九二七（昭和二）年の時点であんパンのあんを包む以外はすべて自動で行う「自働運行製パン窯」があったらしい。ちなみに、あんを包む機械は、一九六三（昭和三十八）年にレオン自動機が開発した。

当時生産量と設備の新しさで「東洋一」と言われたマルキ号製パンの創業者、水谷政治郎は一八七七年、現在の香川県高松市で生まれた。一八九七年に大阪に出、粉問屋などを経て一九〇四年に大阪市久宝寺《きゅうほうじ》町でパン屋を始めた。養子の清重がイースト研究のために渡米し、近代的な製パン法を身につけて帰国した。北海道で小麦を自給する壮大な構想を持ち、戦前は大きな存在感のある製パン会社だったが、一九四二（昭和十七）年に食糧営団に統合され、戦災を受けて命運が尽きる。

マルキ号製パンの機械化は同業他社を触発した。神戸屋が一九二九年に自動で焼き上げる運行窯などの機械を、敷島製パンが一九三二年に電気運行窯を導入する。

大量生産が本格化したのが、高度成長期。国中の都市が空襲で焼け野原になったため、裸一貫から仕切り直した人々はいっせいに経済的な豊かさを求めた。大きく変わる社会で、生き残りをかけて組織の近代化、機械化で拡大を目指したパン屋もあったのである。

現在、全国区でパン製造のシェアのトップランナーは、ヤマザキパンで知られる山崎製パン、二位が敷島製パン、三位がフジパンである。フジパンは一九二二（大正十一）年、名古屋市中区長岡町で創業している。

山崎製パンを一九四八年に創業した飯島藤十郎は一九一〇年、東京府北多摩郡三鷹村（現東京都三鷹市）生まれ。東京で高校の体育教師をしていたときに、戦争で召集を受けて千葉県・国府台《こうのだい》で敗戦を迎える。市川市でパンの委託加工販売店を開いた飯島には、新宿中村屋で奉公した経験があった。

同社は、一九五五年に近代設備を導入し、食パンの量産化を行い、あらかじめスライスし包装した食パンの製造を開始している。その後「薄利多売をモットー」（『パンの日本史』）に拡大して首都圏のトップメーカーとなり、大阪に工場をつくったのが一九六六（昭和四十一）年である。

山崎製パンのライバル、敷島製パンは一九五四年、アメリカ式の機械を導入してオートメーション化を図る。一時間に六千食分の食パンを焼き上げる当時最新鋭の運行窯は、「日本はおろか、東洋にもまだない最大のもの」（『パン半世紀　シキシマの歩んだ道』）だった。高度成長期はインフレの時代でもあり、必要経費を賄《まかな》うためにも近代化が必要とされていた。一九六二年には本社工場が手狭になり、愛知県刈谷市にバージョンアップしたオートメーション工場をつくる。

大量生産体制が整った勢いで大阪に進出したのは一九六四年。豊中市のダイエーショッピングセンターのテナントとして、直営店を開いた。ダイエーは一九五七（昭和三十二）年に大阪・千林で創業、翌年に神戸・三宮店を開いて拡大を始めていた。セルフサービス方式で品揃え豊富なスーパーは一九五〇～一九六〇年代、日本各地で産声をあげ始める。拡大を続けるダイエーは一九七二（昭和四十七）年に三越を抜いて流通業界トップになる。スーパーの時代は製パン企業の拡大と軌を一にしていた。

山崎製パンが大阪へ進出したのは、敷島製パンが大阪に工場をつくった二年後だった。敷島製パンは、山崎製パンの営業力に押され、またシキシマパンのブランド名の浸透にも苦労している。敷島製パンは一九六九（昭和四十四）年に東京にも進出。このときは周到に市場調査をする。ブランド力を重視する土地柄を意識し、「PAN SHIKISHIMA COMPANY」を略した「PASCO」の名前で売り出すのだ。

敷島製パンの例からわかるように、経済成長の時代に生き残るための規模拡大戦略が、新市場の開拓、商品力とブランド力強化と結びつき、全国メーカーが育ったのである。

今、スーパーのパン売り場へ行けば、ヤマザキパンにパスコ、フジパン、木村屋總本店、タカキベーカリー、神戸屋などさまざまな大手企業のブランドを見つけることができる。それは、各メーカーが大量生産に耐える商品開発でしのぎを削ってきたからである。

ところで、日本の大手メーカーのパンは外国人にとってもおいしいらしい。知り合いの韓国人留学生も「日本のスーパーのパン、おいしいですよ！　韓国のは、パサパサで味がない」と力説していた。在留西洋人たちも、こぞって「日本のスーパーのパンはおいしい」と評価する。中でも評判が高いのが敷島製パンの「超熟®」だ。

「超熟®」は一九九八（平成十）年、兵庫県宝塚市のパン屋の食パンをヒントに「湯だね製法」による量産化に成功した食パンである。「小麦粉に熱湯をかけて練り上げ、小麦粉をアルファ化させる製法のこと」（『ゆめのちから』）で弾力があり、モチモチした食感になる。

それに先立つロングセラー食パンが、山崎製パンが一九八九（平成元）年に発売した柔らかさが持ち味の「ダブルソフト」である。「ダブルソフト」は、固い耳を敬遠する日本人向けに開発されたもの。次が炊きたてご飯のもっちり感を目指して一九九三（平成五）

年に発売されたフジパン「本仕込《ほんじこみ》」である。

ふわふわ、もっちりの次は何だろうか。敷島製パンの加藤博信さんによれば、二〇一六（平成二八）年二月時点の最新トレンドはサックリした食感で皮が固めの山型食パンらしい。ハード系パン好きな神戸っ子の好みが、全国区に広がりつつあるのだろうか。

高級食パンブーム

最近、流行しているのが高級食パンである。まず、コンビニとスーパーを展開するセブン&アイが二〇一三年四月に、一斤二百五十円（税込）の「セブンゴールド　金の食パン」を売り出した。一斤百数十円が標準で百円を切るものすらあるスーパー価格としては破格にもかかわらず、発売十五日間で六十五万個を突破した。その後、大手メーカー各社が高級路線のパンを出すようになる。

二〇一三年頃から、食パン専門店を謳う店も登場した。新しい業態である食パン専門店の中で最も有名なのが、東京・銀座にある「セントル・ザ・ベーカリー」である。二〇一三年六月のオープン以来、行列が絶えない。

私も試してみようと平日の朝、開店時間の十時に行ってみたところ、すでに店の前には

セントル・ザ・ベーカリーの角食パン（上）とイギリスパン（下）

行列ができていた。主婦らしい女性が中心だが、春休みとあって家族連れや男性もいる。「ここのパンがおいしくて、何度も来ているの」と華やいだ表情で、赤ちゃん連れの女性に話しかける年配女性の姿がある。

二斤分の食パン一本単位で売られているラインナップは、北米産小麦を使った山型の「イギリスパン」が七百三十五円、国産小麦の「ゆめちから」を使った「角食パン」と北米産小麦を使った「プルマン」が八百四十円の三種類。町のパン屋の相場が二百～三百円台で、ホテルパンが四百円前後ぐらいからなので、一斤あたり四百円前後はホテル並みの高級食パンと言える。

並んでいたら、店員さんが出てきて次々と注文を聞いていく。私の番が来た。

「全種類一本ずつください」

「すみません、プルマンが売り切れです。一時間後なら焼き上がります」

「私のところで何分待ちですか?」

「三十分ぐらいです」

「じゃあイギリスパンと『ゆめちから』のパンを一本ずつください」

と注文したところ、「お一人三本まで買えますよ?」と返され、大量買いが当たり前の店と気づかされた。

家に持ち帰って食べてみる。「ゆめちから」のパンは、モチモチした粘りがあって甘く、水分が多い感じ。新潟産の高級米コシヒカリのご飯を思い起こさせる。味が強いので、そのまま食べるより、カレー風味の鶏肉でサンドイッチにしたほうがおいしかった。

「イギリスパン」は、チラシの説明に従ってトーストにしたところ、サクサクした食感だが、やはり甘く後味が残る。ジャムを載せたほうが、相乗効果で甘さが引き立つように思う。

どちらにしても個性が強く、甘い後味が残る。おやつのような味わいのパンで、手土産向き。価格設定からして日常仕様ではないのだが、濃厚味のプリンやラーメンが流行する昨今の事情を考えると、毎日食べる人がいてもおかしくない。

経営者は、東京・丸の内と渋谷で本格派フランスパンの店「VIRON」を開く、ル・スティルの西川隆博である。「VIRON」と西川については第五章で改めて紹介する。

高級食パン人気は、加熱するパンブームの最先端である。日常食だったはずの食パンが趣味のものとして受容され、しかも人気という現状は、やはりこの国の人たちにとって、主食はコメでありパンはおやつに過ぎないことを表しているのかもしれない。

3 カレーパン誕生

菓子パンの進化

日本人好みの柔らかいパンの代表は、日本で生まれた菓子パンと惣菜パンだろう。そのはじまりはあんパンである。第二章で紹介したように、あんパンの発明は日本人がパンを受け入れるきっかけになったのだが、それだけでなく、後に続くさまざまなパンの考案につながっていく。人気のパンは、その多くが日本生まれである。ではまず明治生まれのジャムパン、クリームパンの話から始めよう。

一九〇〇（明治三十三）年、戦時携行食の研究をするため、陸軍が東京のパン屋、菓子屋の協力を得て、ビスケットをつくる東洋製菓を立ち上げ、東京・御殿山《ごてんやま》に工場をつくった。そこで生まれたのが、ジャムパンである。日清戦争で野戦の際もコメを炊くため火を使って居場所がばれ、集中砲火を浴びた陸軍は、携行食の必要性を痛感していた。発案者は銀座木村屋の木村儀四郎。

東洋製菓の工場でビスケットにジャムを挟む工程を眺めていた儀四郎は、あんこの替わりにジャムをパンに挟む方法を思いつく。当時ポピュラーだったあんずジャムを挟んで銀座木村屋で販売したところ、予想以上のヒット商品となり全国に広まった。

新宿中村屋の創業者、相馬愛蔵が一九〇四年に発明したのが、クリームパンだ。相馬の著書『一商人として』（岩波書店、一九三八年）に誕生のいきさつが書かれている。

「或日初めてシュークリームを食べて美味しいのに驚いた。そしてこのクリームを餡パンの餡の代りに用ひたら、栄養価は勿論、一種新鮮な風味を加へて餡パンよりは一段上つたものになるなと考へたのである」

どちらも発想の大本はあんパンだが、ヒントが洋菓子というところに時代の変化がある。洋菓子店の村上開新堂が国家政策の一つとして創業したのが一八七四年。江戸時代から続く凮月堂《ふうげつどう》がビスケット製造に乗り出したのがその翌年。一八九四年には、東京に三百七十七軒ある菓子屋の二十軒で洋菓子またはカステラを販売するようになっていた。明治後半は、洋菓子が流行り始めた時期なのである。

新宿中村屋は一八七〇（明治三）年、現在の長野県安曇野市で生まれた相馬愛蔵と、一八七五（明治八）年に現在の宮城県仙台市で生まれた星良《りょう》（ペンネーム：黒光《こっこう》）が夫婦で始めたパン屋である。愛蔵は東京専門学校（現早稲田大学）、良は宮城女学校からフェリス和英女学校（現フェリス女学院）、明治女学校で学んだインテリ夫婦である。

二人は一九〇一年、本郷に居を定め商売を始めようと考えた。東大のお膝元でコーヒー店を開くつもりが、近所にミルクホールができて断念。この頃、神田の学生街などで牛乳やお菓子、パンなどを出すミルクホールを出すことが流行っていた。カフェ・喫茶店の前身である。

最初にできたカフェは一八八八年、下谷黒門町の可否茶館だが時期尚早ですぐに閉店。学生たちが集まった店で、現在も続く銀座のカフェーパウリスタが一九一一年。文化人が集まる人気店、銀座のカフェ・プランタンも同年である。明治末期は、仲間が集い語らうカフェ文化の黎明期だった。

愛蔵が次に目をつけたのがパン屋。知識階級にパン食が受け入れられるようになったこの時期、一般に浸透するか先読みしようと一日二食をパンにしてみた。すると、続けようと思えばできるし、煮炊きの手間もいらず突然の来客にも重宝することがわかった。ちょうど、近所のパン屋「中村屋」が売りに出ていたので買い取り開業する。

「書生上がり」と新聞などで取り上げられ有名になった「中村屋」は、一九〇九（明治四十二）年に新宿に本店を移し、新宿中村屋になった。この店はやがて、荻原碌山《ろくざん》、高村光太郎、松井須磨子など芸術家のたまり場となっていった。やがてインド独立運動の革命家ラス・ビハリ・ボースをかくまったり、ロシアの詩人ワシリー・エロシェンコが身を寄せる場となり、国際的な役割を持つ店になる。

メロンパンの謎

パン生地にクッキー生地をかぶせたメロンパンについては、発案者が現在も不明だ。二〇〇〇年代前半、移動販売車が登場するほどのメロンパンブームが訪れた。その最中に発売されたのが、誕生の秘密を探ったルポ『メロンパンの真実』（東嶋和子著、講談社、二〇〇四年）である。

科学ジャーナリストでメロンパンが大好きな東嶋は全国を巡り、大正中期頃に誕生したらしいことまで突き止めた。ドイツ菓子説、アメリカ大陸に渡った移民が持ち帰ったという説、日本人が生み出したという説があったものの、真相は確かめられなかったとある。

各地でそれぞれに発案された可能性もあるが、メロンパンとそっくりな菓子パンがメキシコにあることから、私は移民説が有力だと思う。敷島製パン広報室の加藤祐子さんがメキシコの大手製パン会社ＢＩＭＢＯの商品で見つけたと言って、ＷＥＢ上に掲載されている写真も見せてくれた。バニラ味の衣をかぶせた丸いパンである。また、ピンクや白に染めた甘い衣をかけ、模様をつけた甘いパンの存在が、原書房のシリーズ本『「食」の図書館　パンの歴史』（ウィリアム・ルーベル著、堤理華訳、二〇一三年）にも載っている。メキシコでは、「コンチャ」と言い「酵母醱酵の甘いミルクロールで、着色した粗めの砂糖衣をかけてあるものが多い」。

メロンパンは日本人に愛され、定着した。しかし、背後にはおそらく数々の発案があり消えていったパンがある。飽きられることが早くなった現在、パンの入れ替わりは激しい。メロンパンをはじめとする菓子パンや惣菜パンなどの過剰なまでの品揃え豊富さは、日本を訪れる外国人の目を驚かせている。

ご飯とおかずを混ぜる文化

『「食」の図書館　サンドイッチの歴史』（ビー・ウィルソン著、月谷真紀訳、原書房、二〇一五年）には、「日本の『パン屋』では、スパゲッティからカレーまで具にした常識を覆すような種類のサンドイッチを出している［著者は菓子パンや総菜パンをサンドイッチの一種としてとらえている］」とある（［　］は訳者による注釈）。

著者のウィルソンは英米を中心に活躍するフードジャーナリスト、歴史学博士だ。日々欠かせない主食としてパンを捉える西洋人からすれば、どんなものでもこだわりなく挟んだり包んだりするように見える日本人の発想は、驚きなのだろう。スパゲッティを具にしたパンとは、もしかすると焼きそばパンのことかもしれない。在留西洋人の間でも、焼きそばパンはユニークな存在として知られる。

日々食べる主食は、主張しないものがふさわしい。日本でも、ご飯は基本的には味つけをしない。メキシコやインドをはじめ各国にあるコメや麦、そば、トウモロコシの粉を使った薄いクレープ状の生地も、それ自体は淡白でさまざまなおかずと合う。発酵させたパンを食べる西洋人にとっても、日々食べるパンはシンプルだ。おかずを飽きさせないアクセントになるのが、主食である。

先の『サンドイッチの歴史』によれば、世界にはさまざまなサンドイッチの文化があるが、それはどれも、パンはパン、料理は料理であり、混ざってしまうことはない。パン食の歴史が浅い同じ東アジアの中国や韓国さえ惣菜パンにはしないでサンドイッチにする。だからこそ、日本の独自性が目を引いたのだろう。

日本は、ご飯とおかずを一緒に食べる文化が多様だ。カレーライス、親子丼、カツ丼などの丼ものもあれば、おにぎりや炊き込みご飯もある。コメは粒食なので、親子丼の卵はトロトロに溶けてご飯をコーティングする。カレーもとろみのあるルウがご飯にまとわりつく。おにぎりも中に包んだ具をご飯と一緒に味わう。そのコンビネーションは、コメのご飯とおかずの組み合わせとは別の世界をつくり出す。

混ざる楽しみをご飯で知っており、かつ積極的に西洋の食文化を取り入れカスタマイズさせてきた国だからこそ、多彩な惣菜パン、菓子パンが生まれたとは言えないだろうか。

惣菜パンの登場

惣菜パンの歴史はカレーパンから始まる。不動の人気を誇る惣菜パンといえば、カレーパンである。一九二七年、「洋食パン」の名前で実用新案を出し登録されたのが、東京・深川常盤町《ときわ》（現江東区常盤）のパン屋「名花堂」のカレーパンである。現在は店名「カトレア」と名を変え、会社名はカトレア洋菓子店としている。

創業者は中田豊吉。埼玉県飯能市の出身で一八七七年に東京へ出て店を開いた。銀座木村屋があんパンを売り出してからわずか二年。同店も麴菌を使って菓子パンやコッペパンを焼いていた。カレーパンを発案したのは息子で二代目の豊治である。

松尾芭蕉が住んだことで知られるこの地域の「高橋《たかばし》」は、両国や本所と門前仲町を結ぶ重要な橋で、地名でもある。街を流れる小名木川《おなきがわ》は水運の要だった。豊治の三男で一九三九（昭和十四）年生まれの会長の中田琇三さんは四代目。次のように昔を話す。

「小名木川を蒸気船が行き交って、高橋の通りは夜店通りと言って夜になるといろいろな駄菓子屋や食べもの屋が出る、浅草と並ぶぐらい賑わう一大繁華街でした。寄席や芝居小屋があって映画館も三つぐらいありました。誰かに連れられて映画を観た記憶があります」

工場地帯で労働者も多かったことから、食事の替わりになるパンを、と考えた豊治。当時流行っていたカレーを入れ、とんかつを模して揚げたのがカレーパン。画期的なアイデアは、関東大震災で店が瓦礫《がれき》と化し、必死で再起を考えたことから生まれたものだった。ルウが多めでカレーがたっぷり入った「カトレア」のカレーパンは、確かに一個二個で食事になる。片手で食べることができ安くてお腹を満たせる、と忙しい工員たちに歓迎された。当時、三大洋食と言われたカレー、コロッケ、とんかつのうち二つの要素が入ったパンの人気が出ないわけがない。明治時代に入ってきた西洋料理が、ご飯に合う洋食として進化し、定着したのがちょうどこの時期。目新しい食べものを即座に取り入れ、その食べものが定着するとともにアレンジ食の創作パンも定着する、という流れはクリームパンと共通する。

「名花堂」は、一九四五年三月十日の東京大空襲で焼けてしまった。大きな石窯だけが残り、豊治はすぐにその窯で店を再開する。カボチャやサツマイモでジャムをつくったり、配給の小麦をパンに加工する委託店として糊口《ここう》をしのいだ。

高度成長期、パンが売れるようになるとともに店も大きくなり、その頃急速に人気が高まっていたデコレーションケーキも売ろうと一時期洋菓子店も開き、その名前を「カトレア」とした。パン屋も最盛期は七店舗まで手を広げたという。「洋食パン」として卸していたパンを、琇三さんが「元祖カレーパン」の名前で売り出したのは、一九七〇年頃のことだった。

戦争とパン屋

改めて考えてみると、歴史あるパン屋は皆、戦争をくぐり抜けている。パン屋は戦中戦後にどのような影響をうけたのだろうか。

小麦は一九三七年のアメリカ・カナダからの輸入途絶から始まり、一九四一年には完全に輸入が停止。コメの配給制度が始まった前年の一九四〇年には配給制になる。一九四二年には食糧管理法が制定、食パン一斤が四百五十グラムと規格化される。

主要食糧と位置づけられたパンは、一九四二年に食糧管理法の下で主食を扱う特殊法人として設置された地方食糧営団のもと、食パンとコッペパンだけが米屋で売られることになった。もちろん、自由な製造・販売はできない。一九四二年には六大都市でパン類の切符制配給が開始されている。

敗戦後は、パン屋に材料がなかったため、各家庭に配給された小麦粉を焼いてパンにする委託加工で稼いだパン屋は多い。二〇一六年四〜十月に放送された、NHK朝の連続テレビ小説『とと姉ちゃん』でも、闇市で委託加工のコッペパンを売るパン屋が登場するシーンがある。統制経済の中創業した広島のアンデルセンは、この既存のシステムに入れずに苦労しているし、同時期に創業した山崎製パンは委託加工から仕事を始めている。小麦粉とパンを自由に販売できるようになったのは、一九五二年である。

松村守夫さん

厳しい時代を社名に残すのが、東京・人形町で「サンドウィッチパーラーまつむら」を営む日本橋製パンである。統制経済下、近辺のパン屋が集まって企業合同したときにつけた名で、戦後それぞれの店を再開しても名前だけ残った、と話すのは、会長の松村守夫さんで一九三二年生まれ。戦前は「松村パン」という名だった。同店の創業は一九二二年。初代は松村さんの伯父で父が二代目、松村さんは三代目にあたる。

ハイカラだった伯父はもともと障子の桟《さん》をつくる職人だったが、舌が肥えており、「これからは食の時代だ」と見越してパン屋を創業した。クリームパンはクリームからつくり、ぶどうパンもぶどうを酒に漬けて使う。現在の店では食パンに惣菜パン、菓子パン、サンドイッチにコッペパンサンド、フルーツケーキにフランスパンまで何でも揃う。これまでも、たくさんのパンを考案してきたと松村さんは言う。

焼きそばパンは昭和三十年代からあった。ミンチ肉をカレーで煮込んでパンに巻き込んだ「ひき肉ロール」が人気のときもあった。戦後、学校の売店でよく売れたのは「そぼろパン」。小麦粉に卵とバターと砂糖を加えて練り、バニラエッセンスを垂らしてつくったクッキー生地をポロポロにして、菓子パン生地の上に載せたものだ。

高度成長期、店には集団就職で入ってきた宮城県女川《おながわ》町の若者が大勢いた。住み込みで働いていた従業員は男女それぞれ十人ぐらい。先日、二〇一一年の東日本大震災の折に家が高台にあって無事だった、という元従業員が店に訪ねてきたそうだ。

私が取材している間に、店のスタッフが「すみません」と声をかけてきた。台湾からの旅行者が、松村さんのサインが欲しいと雑誌を持ってきていたのだ。近くにビジネスホテ

1944年、店の前で出征する「松村パン」の従業員を見送る様子（写真提供:松村守夫さん）

「サンドウィッチパーラーまつむら」のぶどうパン

ルがあり、そこに泊まる台湾の観光客が、店の写真を撮っていくのだという。

さまざまな時代を映す「サンドウィッチパーラーまつむら」のパンは、どれも安定感があって主張し過ぎない、毎日食べても飽きない味だ。都心にありながら下町の佇《たたず》まいを残す人形町には、町のパン屋が今も健在だ。

私たちのパン文化はこのように、さまざまなパン屋の、創意工夫のおかげで成り立っているのである。

4 給食のコッペパン

アメリカの陰謀？

柔らかいパン好きが多い背景には、給食のコッペパンが影響しているという説がある。コッペパンの給食は、ご飯でなくパンを主食と認めるような嗜好をつくってしまった、と嘆く向きもある。その背景にアメリカの政策があった、とするのが二〇〇三（平成十五）年に発売され、反響を呼んだ食生活史研究家の鈴木猛夫による『「アメリカ小麦戦略」と日本人の食生活』（藤原書店）だ。

同書によると、戦後の日本人の食生活が肉や油脂、乳製品やパンを摂る方向へと大きく舵を切ったきっかけは、アメリカが余剰小麦を日本に援助し、小麦輸入の道を拡大させたことだ。高度成長期、厚生省（現厚生労働省）や農林省（現農林水産省）、文部省（現文部科学省）などが協力してそれぞれの外郭団体がアメリカから資金を受け、小麦の市場開拓のために取り組んだ。その事業の中心にあったのが、厚生省管轄下で、全国にキッチンカーを走らせて料理講習を行う栄養改善運動である。

学校給食も戦後占領期のアメリカによる食糧援助で始まる。一九五二年に日本が独立した後も、パンの学校給食を維持する条件で四年間小麦を援助する約束をし、パンが主食になった。

アメリカが将来市場と見込んで、日本に小麦を援助しパン食や洋食化が進んだ結果、日本人はコメよりパンを好み、和食より洋食を好む人々になった。日本の風土に合った本来のコメ中心の伝統的な食文化を取り戻そう、という主旨の本である。

丹念に資料を収集して読み解いた労作はしかし、日本人の食生活が大きく変わったことをよくないと見なし、その原因をアメリカの小麦戦略一つに還元しようとしている。同書には製パン技術もアメリカが伝えて数年のうちに日本中に広まったとあるが、それは誤りであることは、本書を読み進めてきた読者はおわかりと思う。では、アメリカの小麦戦略について詳しくみてみよう。

同書がその発端とするのが、一九五四年にアメリカでアイゼンハワー大統領が成立させたPL480法（一九五四年農業貿易促進援助法、通称「余剰農産物処理法」）である。アメリカの農産物をその国の通貨で購入でき、料金は後払いでよいなど被援助国にとって有利な条件となっていた。

この法律については、グローバルな食料問題の専門家でエコノミスト、ジャーナリストのアメリカ人、ラジ・パテルの『肥満と飢餓』（佐久間智子訳、作品社、二〇一〇年）にも記述がある。

二十世紀前半の世界大戦の戦場にならなかったアメリカは、農業の近代化と農地の拡大に成功した結果、小麦や大豆の余剰生産物を抱え込んでいた。こちらの本によれば、第二次世界大戦直後はヨーロッパに食料援助を行ったが、復興したヨーロッパが自国の農業を守るために援助中止を望むようになったのが一九五〇年代。

そこでアメリカは、アジアなどの開発途上地域に目を向け、つくった法律がPL480

法である。冷戦期に入っていたため、西側諸国に優先的に穀物を提供した。一九五六〜一九六〇年に行われた世界の小麦貿易の三分の一以上が、アメリカによる小麦援助だったという。

日本に対して行った援助は、「米国が日本に小麦食を売り込むと同時に、反共産主義の砦《とりで》として日本に再軍備させるための資金の一部を、小麦の日本国内での売却益でまかなおうという米国の思惑を反映したものだった」(『肥満と飢餓』)。冷戦構造の中で行われたアメリカの食糧援助の一環に、日本も組み込まれていたのである。つまり、アメリカの小麦戦略は確かにあった。しかし、その結果日本人が食生活のスタイルを変えたことについては、別の問題として考えなければならないだろう。

栄養改善のためのパン

では、日本人がパンと洋食を積極的に摂るようになったのはなぜか。すでに戦前からパン食も洋食も広がり始めていたが、戦後のアメリカの影響は、どの程度あるのか。鈴木の著書から発展した噂への反論を示した農林水産省の荻原由紀の論文「生活改良普及員の昭和20〜30年代の栄養指導の意義と功績」(『農業および園芸』養賢堂編、二〇一三年)を見てみよう。

荻原によると、食生活の改善を指導したのは当初、農水省の職員である生活改良普及員で、一九四八、一九四九年頃からである。目的は農村部での栄養改善が中心。農村部では第二次世界大戦中の配給により、主食が麦やイモ、雑穀食から白米に置き替わっており、コメに偏った食生活で健康を害する人が非常に多かった。生活改良普及員の一人が、よろず屋などでパンが売られるようになったことをみて農家にパンをすすめたところ、「おいしくて人手が要らず農繁期が楽になると歓迎され」、全国に広まった。

同論文ではわかりにくいが、キッチンカーによる指導は一九五六年に厚生省の管轄下で設立された財団法人日本食生活協会が行ったものを指すと考えられる。荻原は「おかずの知識が不足していた農村や都市部の比較的貧困な層」が対象で、「おかずの指導事業だった」と書いている。鈴木はキッチンカーで教えた料理として、カレーピラフ、ほうれん草のバター炒めなど油を使った料理を挙げていたが、荻原はそうめんの胡麻味噌かけ、豆腐の磯辺揚げなど和のテイストがある料理を挙げる。多様なメニュー提案の中に、洋食もあれば和食もあったと見たほうがよいだろう。

敗戦直後に始まった学校給食に関して荻原は、「GHQの担当者は米飯と味噌汁を希望したが、日本側は敗戦の混乱と凶作のために物資の手当ができないことを理由に断った」と書く。そして、「当時は大規模炊飯器が導入ができなかったり、食器にこびりついた米飯を効率的に落とす技術（洗剤や道具）が存在しなかったため、米飯給食は困難であっただろう」とつけ加える。ご飯給食の実施は当時、不可能だったのである。

荻原の論によれば、アメリカの小麦戦略はあったとしても、日本側にも栄養改善の必要があって洋食化とパン食を受け入れたことになる。

近代国家が国民の栄養改善を啓発するのは、キッチンカーが活躍した時期だけではない。戦前も軍を中心にパン食は奨励された。それは日本人の食生活に欠けがちだったタンパク質や油脂を摂るためであり、昭和三十年代には政府が国民全体にそれらの栄養を摂るようキャンペーンを張る。

それが一転、油脂を控え、野菜やコメを積極的に摂ろうと国が言い出したのは、一九八二年度に農林水産省が実施した「日本型食生活定着促進対策」からである。コメを中心にした栄養バランスのよい食事がすすめられ、牛乳や緑黄色野菜、海藻を摂取し、特に動物性脂肪や塩、砂糖の摂り過ぎに注意するよう呼びかけている。

つまり、高度成長期までの日本人はおかず不足が問題で、高度成長期以降はおかずや間

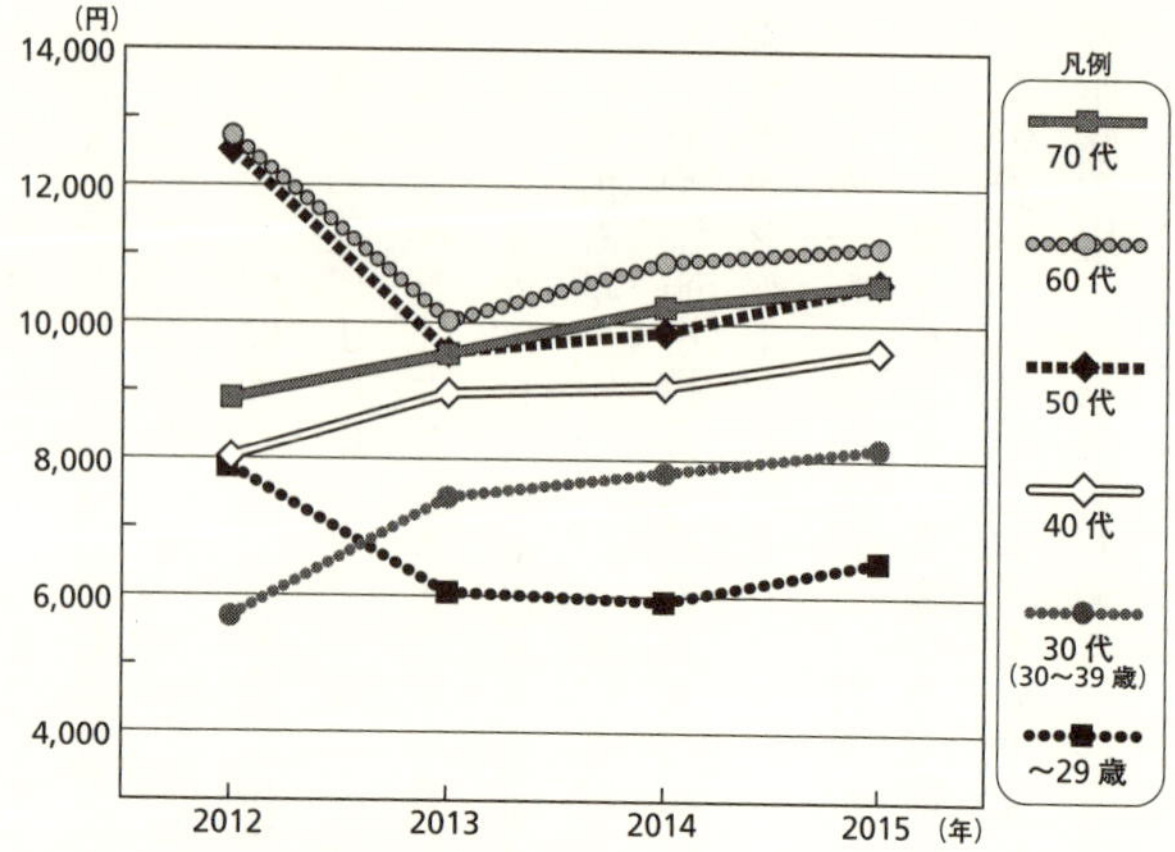

図3-1　世代別パンの購入金額の推移
「家計調査結果」（総務省統計局、平成24年〜平成27年）をもとに加工して作成

食の摂り過ぎが問題なのである。結局はバランスが大事なのだ。古代から、コメを中心にした食文化を築いてきた日本人は、同時に小麦食をコメの代用とする文化も育ててきた。両者を上手に使い分ければよいのではないだろうか。

ただ、鈴木の主張はある部分、的を射ていたのかもしれない、と思わせる気になるデータがある。総務省家計調査のパン食を世代別に調べてみると、二〇一二年〜二〇一五年の一人あたりのパンの購入金額の平均は、五十代〜六十代が最も多く、二十代が最も少ない（図3−1）。この時期の五十〜六十代といえば、昭和三十〜四十年代に小学生だった世代。アメリカが、日本に対し小麦戦略を展開した時期に学校給食でコッペパンを食べていた世代である。食への嗜好にはさまざまな要因が働くが、給食も何らかの影響を与えるのかもしれない。

学校給食で

日本で最初に学校給食を出したのは一八八九年、山形県鶴岡町（現鶴岡市）の私立忠愛小学校である。弁当を持ってこられない貧しい家庭の子どものために、おにぎり、塩鮭、漬けものなどを用意した。子どもの栄養補給という学校給食の理念は、現在も継承されている。

その後、各地で給食は出されるようになったが、パンを導入するところが多かった。それはおそらく設備の問題が大きい。ご飯は学校に炊飯設備を設置して炊かないといけないが、パンなら製パン会社から買えば済む。『パンの明治百年史』によれば、世界恐慌が始まった翌年の一九三〇（昭和五）年、国民の声に押される形で文部省（現文部科学省）が「栄養パン」給食実施を推進した。東京での給食は同年に開始され、二年後には地方に共同製パン所をつくって地元の小麦のパンを出すようになる。その中心になったのは長野県や岩手県だった。

「栄養パン」とは、魚やイモ類などを粉末にして加えたパンである。当時の給食にはおかずがなかったと思われるので、少しでも栄養状態をよくする配慮だろう。戦後になり、主食とおかずが揃った「完全給食」が実施されるようになり、アメリカの援助物資としての小麦粉が登場する。

戦争による物資不足と凶作が重なり、国民は飢餓状態にあった。学校給食は一九四七年に都市部で試験的に始まる。一九五〇年にガリオア資金（アメリカの占領地域救済政府資金）のおかげで八大都市から全国に広まったのが、パンと脱脂粉乳、副食による完全給食だった。翌年、サンフランシスコ講和条約で日本の独立が決まると資金は打ち切られるが、前述のようにアメリカの援助は続く。そして全国からの要請を受けて一九五四年に学校給食法が公布される。

やがて国が豊かになると、今度は給食にコメを導入してほしいという声が高まる。増産したコメが余るようになったためである。日本は戦後、食糧不足解消のためにコメの増産に力を入れた。そのために機械化、化学肥料や農薬の使用、そして開拓を進めた。鈴木は、アメリカ産小麦が大量に導入されたことで国産小麦の生産量がへったとしているが、実際の要因は戦後のコメ優先政策の余波を受けたことによる。

コメは生産過剰になり、一九七〇年には減反政策が始まる。コメの消費量は一九六二年以降、低下し続けている。それは一連の食生活改善の指導による成果に加えて、国民が豊かになり、ご飯をお替わりしなくても、おかずでお腹を満たせるようになったからである。

学校給食にコメが導入されたのは、一九七六（昭和五十一）年からである。日本各地の昭和の給食を発掘した『なつかしの給食　献立表』（アスペクト編集部編、アスペクト、一九九八年）を読むと、例えば一九七八（昭和五十三）年二月の埼玉県浦和市の献立の主食には、トースト、コッペパン、コロッケパンなどに混じってチキンライスが一回、五目ご飯が一回ある。一九八一年六月の栃木県真岡市の給食では十三回ご飯が出る一方で、麺類とパンで合わせて九回とご飯のほうが多い。着実にご飯食が給食でも普及している。

二〇〇九年には、学校給食法が改正されて給食に食育推進が求められるようになった。同年、菓子パンを中心に野菜が少ない給食の例などを挙げて学校給食の現状を批判した『変な給食』（幕内秀夫著、ブックマン社）が出て反響を呼んだこともあり、ご飯を中心にした地産地消の献立を求める声が大きくなる。新潟県三条市では、二〇〇八（平成二十）年から完全米食に移行するなど、ご飯給食を中心にする学校・地域がふえてきた。

学校給食でパンが出ないと困るのが、長年学校へパンを納入してきた中小の製パン会社である。全日本パン協同組合連合会（二〇一六年三月当時）の福井敬康さんは、「パンがあってご飯があって麺がある。全部あってこそ食育ではないでしょうか」と訴える。

福井さんによると、自給率向上と地産地消推進の目的もあり、学校給食用のパンに国産小麦を使う機運がここ五年ほどで高まってきたという。北海道、山口県、鹿児島県が地元産の小麦を使っており、北海道産と地元産などを合わせて国産小麦を使うのが兵庫県、埼玉県、静岡県、千葉県である（二〇一六年三月現在）。

戦後七十年間の変遷を振り返ると、学校給食は社会の鏡であることがわかる。家庭の食卓の洋食化が進んだ昭和半ばは、学校給食でもパン食が進められ、洋食や中華の献立も目立った。日本型食生活が唱えられた昭和後半は和食の存在感が高まり、給食でコメが導入された。近年は地産地消ブームで、単に栄養を摂るだけでなく社会貢献や教育などの意味を持たされるようになっている。学校給食は社会を反映するのである。

では、今後ご飯給食世代がふえることは、パンがこれから衰退することを意味するのだろうか。

愛すべき故郷パン

子どもたちがパンを食べる機会は、学校給食以外にもある。給食のほとんどがご飯食になった現代でも、給食がない地域の中学生や、高校生が昼食や小腹がすいたときに買うのである。誰もが、毎日ご飯の入った弁当を用意できるとは限らない。そんな必要に応じて、安くてお腹が満たせるのが、惣菜パンや菓子パンである。

元祖カレーパンの「カトレア」の中田琇三さんも、一九五〇年代前半の中学時代の思い出を語る。「中田はパン屋だからパンの係をやれ」とクラスの仲間から言われ、麴町にあった中学校の地元の「木村屋」が注文を取りに来る十時、十一時までにあんパンやジャムパン、ピーナッツパンなどの注文を集めて伝えると、昼休みに配達してくれたという。

『地元パン手帖』の表紙を埋めるローカルなパン

パン給食で育った四十代〜五十代の友人たちにパンの思い出を聞いても、十代に自分で買ったパンを語る人が多い。放課後に食べたコロッケパンに焼きそばパン。食べ盛りの十代は、甘いお菓子のおやつだけでは物足りなくなる。お好み焼きなどの和テイストの強い軽食もあるが、歩きながらお腹を満たせるパンはお得なのである。

菓子パン、惣菜パンは今も、全国各地で青春の思い出をつくり続けている。そんなパン事情を紹介したのが、全国を旅する文筆家、甲斐みのりの『地元パン手帖』（グラフィック社、二〇一六年）である。

写真入りで紹介されるほとんどが、柔らかいパンで、ハード系パンは出てこない。ジャムパン、クリームパン、あんパン、メロンパン、カレーパンなどの定番はもちろん健在。チョコレートでコーティングした北海道・日糧製パンの「チョコブリッコ」や、福島県「オカザキドーナツ」の足の形の「水虫パン」、カステラ生地でコーティングした高知県各地にある「ぼうしパン」、食パンにスポンジとクリームを挟んだ福岡県「シロヤ」の「サーフィン」など、地域独自のパンも多い。岩手県盛岡市の「福田パン」は、コッペパン、食パンの二種類しか置いていないが、コッペパンサンドの具材が約五十種類もある。宮澤賢治の教え子だった初代が一九四八年に創業したパン屋である。

全国には、さまざまな歴史を持つさまざまなパン屋があり、地元の人々に愛されて現在に至る。柔らかいそれらのパンは、確かにローカライズされた文化が根づいた証である。

ところで、コッペパンの「コッペ」は、フランスのクーペから来ている。日本人は自分たちの文化に合わせてどんどんパンをカスタマイズしてきたが、その本家のパンはどのように生まれて発展したのだろうか。そして本家の人々に日本のパンは、いったいどのように映っているのだろうか。

第四章　西洋のパン食文化

1　キリスト教とパン

聖なる食べもの

西洋人にとって、パンはなくてはならない主食であり、だからこそ彼らは日本にパンを携えてきた。しかし、日本人にとってパンが主食か、そうでないかは意見が分かれるところである。

主食は、それを食べる人々にとって神聖なものだ。日本人の場合、まずはコメがある。建国神話の『古事記』では、日本が「豊葦原瑞穂国《とよあしはらのみずほのくに》」と呼ばれている。豊かな葦の原である湿地に稲が豊かに実る国という意味だ。神社や天皇家の行事も稲作と結びついている。皇居には水田があり、種撒《ま》きや収穫を天皇自身が行う。

五穀豊穣《ごこくほうじょう》という言葉があるように、コメ以外の穀物も重要な食糧とされている。『古事記』によると、スサノオノミコトが女神のオオゲツヒメノミコトに食べものを出すよう命じたところ、鼻の穴や口、尻から出したので怒ったスサノオノミコトが女神を斬り殺す。すると、女神の頭から蚕《かいこ》が生まれ、両眼に稲が生《な》り、両耳にアワが生った。鼻に小豆が、陰部に麦が、尻に大豆が生った。それをカミムスビノカミが日本の穀物とした。

アメリカ大陸の先住民は、トウモロコシを神として崇拝してきた。

ユダヤ人には、隷属状態にあったエジプトから脱出した先祖の記憶を伝えるため、「種なしのパン」を八日間食べ続ける「過越《すぎこし》の祭」がある。エジプトを去る際、ユダヤ人はパンにパンだねを入れる暇もなかったからである。現代でも厳格な信仰を守る人は、家の中からハメツ（酵母）を一掃し、発酵させないで焼いたマツァ（パン）を食べる。

キリスト教の開祖、イエス・キリストは、この祭の時期にユダヤ人たちに処刑された。彼の説教を中心に布教の日々を弟子が描いたのが、『新約聖書』の四つの福音書である。これらを読むと、キリスト教がパンとワインに深く結びついていることがわかる。私がプロテスタント系の中学校で使った一九五四年改訳の『新約聖書』をひっくり返すと、「マタイによる福音書」だけで七回もパンに関するエピソードが出てきた。

例えばキリストが行った奇蹟として、パン五つと魚二匹だけで、五千人の聴衆の腹を満

レオナルド・ダ・ヴィンチ『最後の晩餐』（1495〜1498年、サンタ・マリア・デッレ・グラツィエ教会）

たした話がある。続いて、パン七つと小さい魚少しで四千人の聴衆を満腹にしている。

　レオナルド・ダ・ヴィンチほか何人もの画家が描いた有名な場面である、「最後の晩餐《ばんさん》」のエピソードで、キリストは出されたパンを祝福して割《さ》き、「これはわたしのからだである」と言い、ワインを「多くの人のために流すわたしの契約の血である」と言う。そして、弟子たちと食事をしている最中に捕らえられ、処刑される。

　キリストが、パンを自分の体だと言う話には前段がある。「ヨハネによる福音書」の説教の中で、パンを与えたのはユダヤ人をエジプトから脱出させたモーセではなく、「わたしの父なのである。神のパンは、天から下ってきて、この世に命を与えるものである」と聴衆に語りかける場面がある。「わたしの父」とは神を指す。そのパンをくださいと頼む人々に、キリストは、「わたしが命のパンである。わたしに来る者は決して飢えることがなく、わたしを信じる者は決してかわくことがない」と答え、キリスト教への改宗を促す。パン食文化圏の人々にとって命をつなぐ食べものの象徴を自分だ、とキリストが言ったからこそ、パンはキリスト教徒にとって特別な食べものになったのである。

大航海時代と日本

日本人のパンとの出合いも、キリスト教と関係がある。日本人がパンを食べるようになったのは明治以降だが、最初にその存在を知ったのは十六世紀の大航海時代である。

一五四三（天文十二）年、九州南方の種子島に漂着したポルトガル船が、鉄砲とともにパンを日本人に伝えた。日本語の「パン」は、ポルトガル語由来である。

これ以降、キリスト教布教や貿易拡大を求めて世界を航海するヨーロッパ人が続々と日本に来る。一五四九（天文十八）年に布教を目的に、宣教師のフランシスコ・ザビエルが鹿児島に上陸。ザビエルが伝えようとした宗派のカトリックはローマ法王を頂点とし、キリストを産んだ聖母マリア像を祀《まつ》ることで知られる。カトリック教会では、日曜日の礼拝で「最後の晩餐」を模した聖餐式《せいさんしき》を執り行う。信者はパンとワインを神父から受け取る。儀式に使われるパンは、小さなせんべいみたいな薄焼きのものである。

聖なる食べものパンを携えた布教がある程度成功したことは、高山右近ほかキリスト教に改宗した大名たちが現れたことからわかる。長崎の大名、大村純忠《すみただ》は日本最初のキリシタン大名で、長崎をキリスト教会に寄進した。開港地になった長崎は、国際都市として西洋文化の影響を強く受ける。十七世紀には、長崎が西洋人が航海食として必要とするビスケットを製造する拠点となってフィリピンに輸出した記録も残っている。

しかし、天下を治めようとする豊臣秀吉、徳川家にとってスペイン・ポルトガルの侵略や信徒が信仰のために団結する危険があるキリスト教は脅威であった。秀吉が大村の長崎寄進を知って最初のバテレン追放令を出したのが一五八七（天正十五）年。江戸幕府が全国的にキリスト教を禁止したのが一六一三（慶長十八）年。そして、一六二四（寛永元）年にスペイン船の来航を禁止する。

藩によるキリシタン迫害や過酷な年貢などに対し、領民が一六三七（寛永十四）年に島原の乱を起こした。それを契機に、徳川幕府は一六三九（寛永十六）年にポルトガル人の来航を禁止。西洋諸国で貿易を続行できたのはオランダだけという鎖国時代が始まる。オランダはカトリックのスペイン・ポルトガルと宗派が異なり、プロテスタントで貿易を布教とセットで行わなかったからである。

しかし、オランダ人といえども生活圏は出島に限定され、日本人との自由な交流も禁じられた。パンを主食とする文化が日本人に広まる機会は失われたのである。

しかし、ポルトガルから伝わった金平糖やカステラなどのお菓子は広まった。また、唐辛子やジャガイモ、ホウレンソウなど南蛮貿易を機会に日本に根づいた食べものもたくさんあった。出島において蘭学とともに細々と伝えられた西洋文化は、植民地化を恐れて開国した近代日本で花を咲かせるのである。一八七三（明治六）年にキリスト教も解禁され、パンの本格導入が始まる。

キリスト教徒のパン屋

パン食の日本史を語るうえでキリスト教の話が欠かせないのは、パンの普及にキリスト教徒が一役買っているからである。新宿中村屋の相馬愛蔵・黒光《こっこう》夫妻は同じ教会に通う縁で知り合っており、新宿中村屋で修業して山崎製パンを日本一売れるパン屋にした創業者、飯島藤十郎もキリスト教徒である。

明治期には宣教師が次々と学校をつくっている。それらキリスト教系の私立校でも、学校給食などでパンが用いられた。相馬夫妻がパン屋となった動機の一つは、黒光がフェリス女学院時代、横浜・元町の「ウチキパン」から届くパンを忘れられなかったことである。同店に程近い石川町にあるフェリス女学院はアメリカ人宣教師が開いた学校だ。

京都の老舗パン屋「進々堂」も、キリスト教徒が開いた。明治末年、京都の醸造家の出である鹿田久次郎が創業したが、内村鑑三に師事しキリスト教社会主義の運動に力を入れるため、店を妹のハナ子とその夫の続木斉《つづきひとし》に譲り渡した。一九一三年、「進々堂」の誕生である。

学生時代に内村鑑三に師事した斉も、明治女学校を経て同志社女学校（現同志社女子大学）を卒業したハナ子も熱心なキリスト教徒である。

フランス文化に憧れた斉は一九二四（大正一三）年から二年間、日本人のパン屋として初めてパリに留学している。当時日本に広まっていたドイツから窯を輸入してフランスパンの製造を始めている。帰国してすぐ、京都帝国大学（現京都大学）前に喫茶店も開き、店は京大生らの憩いの場となった。

「関口フランスパン」四代目の高世勇一さん。店内にて

ハナ子は斉が留学中も、また斉が一九三四（昭和九）年に五十二歳で亡くなった後も店を守ることができた。それは、明治女学校の先輩だった相馬黒光を畏敬し、よいものを安く売る商売を忠実に実践したからだと『パンの明治百年史』にある。一九五五（昭和三十）年ハナ子は七十歳で亡くなった。現在「進々堂」は、京都市内に十一店を構えている。

フランスパンといえば、第二章で取り上げた「関口フランスパン」も、キリスト教と関係がある。店を始めたのはフランス人宣教師であり、「関口フランスパン」として引き継いだのも小石川関口教会に通っていた信者の高世啓三である。

現在の経営者は四代目の高世勇一さん、一九六一（昭和三十六）年生まれ。啓三のひ孫にあたる。家族は全員カトリック教徒。勇一さんの父の時代は、雙葉《ふたば》学園や白百合学園などカトリック系の学校を中心に、学校給食のパンをたくさん卸していた。勇一さんが通った暁星学園にも卸していた。

「僕らより十歳、二十歳上の先輩たちは『フランスパンを給食で食べて、固かったけれど本当においしかった』と言い、今でも店に買いに来てくださるんです。僕らの頃は食パンやバターロールでした」と話す。

一九八一年、勇一さんが二十歳のときに三代目の父が亡くなる。母が店を切り盛りする間に大学を卒業し、一九八四（昭和五十九）年から三年間、横浜のパン屋で修業する。その店の社長から「お前は職人になるわけじゃないんだから、まず計数管理を覚えろ。パン屋は細かい仕事だから数字に強くないといけない」と言われて主に店長として働いた。

自店に戻ると、学校給食頼みでは、夏休み期間に仕事がないことや、競争も厳しくなっていたことから、今後は経営が難しくなると判断し、現在の店がある文京区関口に直営店をつくって少しずつ売上比率を移していった。現在は売上の八割が直営店、二割が卸売である。

直営店の「関口フランスパン」では、多いときは売上比率の四割をフランスパンが占める。「この三十年でフランスパンを買ってくださる方はふえたと思います。特にクリスマスの時期はよく売れます」と勇一さんが話す。それは西洋料理にはパンを合わせよう、と考える人がふえてきた証《あかし》であり、その意味でパンはコメのご飯の地位を少しばかり奪いつつあるとみてよいのだろう。

2　パンの西洋史

古代文明のパン

西洋人とパン、そしてキリスト教の結びつきを理解するには、西洋の歴史を知る必要がある。まずは前節でも触れたユダヤ人とパン話から始めよう。

ユダヤ人がファラオの圧政から逃れるためにエジプトから脱出するとき、指導者のモーセは神からお告げを聞く。それは今後守るべき食事に関する決まりで、現在「コーシャ」として知られている。『旧約聖書』（一九五五年改訳）の「出エジプト記」に、「過越の祭」について次のような記述がある。

「七日の間あなたがたは種入れぬパンを食べなければならない。その初めの日に家からパン種を取り除かなければならない」

ユダヤ人たちのエジプト脱出は紀元前十三世紀のことである。この時代に、すでにエジプトでは発酵させたパンを食べていたのである。

パンの歴史は現在のイラク、アフガニスタン、クウェート、シリア、イスラエル、パレスチナなどを含む「肥沃な三日月地帯」に始まる。紀元前四〇〇〇年頃にイラクで成立したシュメール人の古代都市ウル、ウルクなどのメソポタミア文明を支えた。

ウルクはパン中心の社会で、大麦や小麦を使ったたくさんの種類がつくられていた。発酵させたパンも発酵させないパンもあった。パン型も大量に発掘されている。

古代エジプトの遺跡からも、パンに関連した遺物がたくさん出土している。パン屋の遺跡、編んだパンや動物の形をしたパンなどさまざまなパンの絵や、つくる過程を描いた壁画も遺されている。古代ギリシャの歴史家ヘロドトスが「エジプト人は、パン食い人だ」と驚くほど古代エジプト人はパン好きだった。

やがてパンは、エジプトに替わって勢力を伸ばしてきたギリシャに伝わる。ホメロスの有名な叙事詩『オデュッセイア』にもパンが登場する。ギリシャでは、『パンと麵と日本

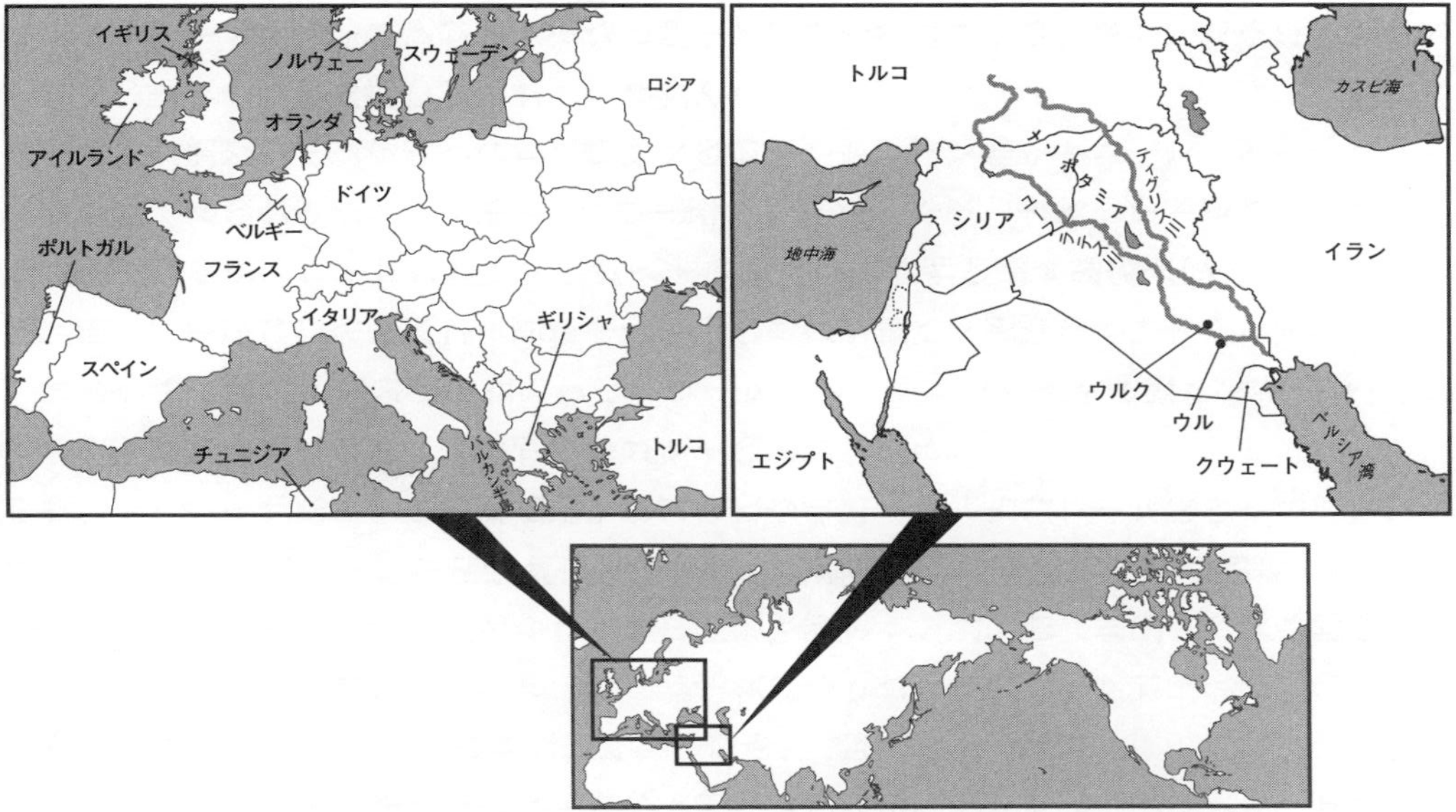

ティグリス・ユーフラテス両河流域でメソポタミア文明は発祥した。
その後ヨーロッパへパン食は広がっていく

人』（大塚滋、集英社、一九九七年）によれば、「ヒエの粉に白ブドウ酒の滓を混ぜて、小麦粉を加え」たパンだねをつくる方法が考え出されている。デュラム小麦、大麦、エンマー小麦（一粒小麦）などでつくられた白パンのほか、全粒粉パンもあった。

続いて繁栄した古代ローマでも、パンは主食になった。古代ローマは紀元前一〇〇〇年頃にテヴェレ川のほとりに建設された都市国家が始まり。紀元前六世紀末に共和制が成立し、四七六年に西ローマ帝国が滅亡するまで、最盛期はブリテン島を含む西ヨーロッパ、中東、アフリカ北部まで地中海沿岸一帯に勢力を伸ばした。古代ローマ領のガリラヤでキリストが処刑されたのは、ユダヤ総督ピラトのもとである。

穀類を粉にしたり粥にして食べていたローマ人は、ギリシャ人から製パン法を学んだ。紀元前三〇年頃には帝国内に三百二十九か所の良質な製パン所があり、すべてギリシャ人が経営していた。ローマにはパンの職人学校があり、特許の組合組織も定められるほど、重要な食べものだった。パン小麦（普通小麦）、デュラム小麦、大麦、ライ麦などのパンが焼かれ、支配層は小麦でつくられた白パンのほか、オリーブ油やオリーブ、イチジク、ベーコンの細片などで風味づけしたパンも食べた。

しかし、イタリア半島では、度重なる戦争で農地が荒れたため、オリーブやぶどうなど

古代エジプト、新王国時代第18王朝（紀元前16世紀〜13世紀）の高官の墓の壁画より。パン生地をこねたり型に入れるなど、職人たちによるパンづくりの様子が描かれている　©PPS通信社

の果樹栽培中心になっており、小麦などの穀物はチュニジア、エジプト、ギリシャなどの属州からの輸入に頼るようになっていた。ローマは紀元前二七年に共和制から皇帝が強大な権力を握る帝政に変わったのだが、それは食糧を確保するためでもあった。

帝政期のローマは貧富の差が拡大し、地方で食い詰めた人々が都市に流入していた。行き詰まったローマが西と東に分裂し、ゲルマン人など異民族の侵入などで西ローマ帝国が滅亡。パン焼き技術はいったん廃れるが、イベリア半島の西ゴート王国のゴート族が東ローマ帝国のローマ人から発酵させるパンのつくり方を教わる。それはやがてゲルマン人にも伝わり、ヨーロッパ全体がパン食文化圏になっていくのである。

白パンは贅沢品

バルカン半島以東を支配した東ローマ帝国でパンの製法を受け継いだのは、ローマのキリスト教会だった。最初、キリスト教徒を迫害していたローマ帝国は、信徒の拡大に伴い、三一三年にキリスト教を公認せざるを得なくなっていた。製パン技術は、パンとワインを神聖なものとする価値観とともにヨーロッパに広まるのだ。

中世初期は修道院が風車を備え、粉挽きとパンづくりも担っていた。やがてパン焼き窯がつくられるようになったが、その建設権は領主が持ち、パン屋も自家製パンを焼く庶民も、パンを食べるには、窯の使用税を領主に納めなければならなかった。

ヨーロッパがパンを中心にした食事になるのは、八〜九世紀頃に人口が増加したことによる。森林や原野が開拓され、穀物生産が拡大した。結果として、肉食は限られた特権階級のものになり、パンが基本食になっていくのだ。十一世紀になると、農地を三つに分けて、それぞれ豆類や大麦などの夏作物、小麦やライ麦などの冬作物、休耕地として輪作する三圃《さんぽ》式農業が普及する。生産力が上がってパンが庶民にも普及し始める。

中世ヨーロッパは経済格差が非常に大きい時代だった。王侯貴族は肉食を中心にした豊かな食事をしていて、太っていることが社会的ステイタスだった。宴会では山盛りの料理を出す。貿易で得た高価なスパイスも多用した。もちろん、パンは日常食である。

庶民は雑穀やパンの切れ端、野菜などが入ったごった煮のようなスープに、雑穀パンや全粒粉パン、ライ麦パンを添えた。肉を食べたりビール、ワインを飲むのは祝祭日やハレの日だった。

フィレンツェやシエナでは、十四世紀以降パンの消費量が激増し、新興のブルジョワ市民たちが己の成功を誇示するために、フスマ（小麦の表皮）を念入りに篩《ふるい》分けした小麦粉でつくる白いパンを食べるようになる。庶民は全粒粉パンや大麦、オート麦、アワなどの雑穀を混ぜた黒パンを食べていた。

ヨーロッパ北部に位置する現在のドイツでも、ライ麦や雑穀でつくられた黒パンが庶民の食卓に載る一方、小麦でつくる白パンは富裕層が食べる贅沢品だった。

白パンが豊かさ、黒パンが貧しさの象徴であるという価値観はヨーロッパの人々の心に深く根づき、それはやがて第二次世界大戦後の復興の証として、真っ白なパンが流行するまで続く。

二十世紀も後半になり、ドイツでは早くも一九六〇年前後から健康によいという視点から全粒粉パンを見直す動きが始まっている。やがて、一九七三年のオイルショックに終わる高度成長期で大きく発展した先進国では、豊かさを求めた揺り戻しのように、ビタミンやミネラルが豊富な黒いパンが「伝統的な」「健康的な」といった形容詞を冠され、生活にゆとりがある人々が好むものへと変わっていく。一方、工場で大量生産される白パンは安いため、庶民の食卓に載るものになった。

現在も小麦の一大生産地であるエジプトと異なり、ヨーロッパは必ずしも小麦の生産に適していない。北ドイツやロシア、北欧などが黒パン文化圏なのは、小麦がとれない厳しい気候風土のためだった。それでも彼らがパンを中心食糧とするのは、地中海沿岸が起源のキリスト教の影響だ。パンとワインを得るために、ヨーロッパの人々は森林・原野を開拓したのである。

パンを食べなくなったフランス人

各国が独自のパンを発達させるのは、十四~十六世紀のルネッサンス期以降である。例えばフランスでは、小麦粉の粘弾性が弱く、蒸気の力を借りないとふくらまないため型に入れない直焼きのパンが発達していく。

フランスは自他ともに認めるパン大国、そしてグルメ大国である。日本をはじめフランス料理を外交の場面で用いる国は多いが、それはナポレオン一世の時代に外交官を務めたタレーランが、政治権力を誇示する手段として、豪華な食事を用いたことから始まる。その料理を担ったのが、シェフのアントナン・カレームである。そして十八世紀後半から十九世紀初頭、美食家グリモが演劇的な食事会を開いたり、『食通年鑑』を発行するなど多彩な活動を通してフランスの食文化の社会的評価を高める。料理人とメディアの両輪で、世界に冠たるフランス料理の地位が確立したのである。

しかし、現代のフランスは日本と同様、独自の食文化の衰退に危機感を抱いている。二〇一〇年にフランス料理がユネスコの無形文化遺産に登録されたことからも、その危機感はうかがえる。

日本ではコメの消費量低下が問題になっているが、フランスではパンの消費量低下が問題になっている。『パンの歴史』によれば、パンの消費量が最も多かったのは十九世紀である。一日七百グラム前後とも五百~六百グラムぐらいとも言われている。一九三〇年には四百グラム、一九六五年には二百三十六グラム、二十世紀の終わり頃には百六十五グラムにまで低下している。なぜ人々はパンを食べなくなったのか。

第一次世界大戦のときは主戦場となり、第二次世界大戦でナチスドイツに占領され、再び国土が戦場になったフランスは、両方の戦中戦後に厳しい食生活を体験している。小麦が不足し、人々は大豆や大麦、ライ麦の粉を混ぜた黒っぽいパンを食べた。先述の『パンの歴史』には、「一般のフランス人が食べていた黒パンはねばねばして、いやな臭いがした」とある。日本では戦中戦後に主食だった雑穀やすいとん、さつまいもに嫌な思い出を持つ人が多いが、フランス人には戦時中の黒パンがつらい記憶として残る。

フランスで白パンが都市の庶民に広がったのは十八世紀。田舎まで広まったのは一九三〇年代頃である。田舎の人たちはようやく白パンを食べられるようになったのに、戦争で黒パンへと逆戻りさせられたのである。

食糧不足から立ち直り、黒パンと縁が切れたのは一九五〇年代後半。小麦を国内で自給できるようになったことに加え、新しいパンの製法が導入されたためである。電気モーターを用いて強い力で長時間こねることによって生地を酸化させ、真っ白いパンをつくれるようになった。パンの機械化自体は第一次世界大戦後に本格化していた。

高速ミキサーの普及に伴って、パン職人はソラ豆粉やビタミンCを多用して安定的にふくらむ白くソフトなパンをつくるようになってきたが、「このようにして作られた超白くて超ふっくらしたパンは、なんの風味もないし、不快な味すらしない。そうした味のなさを埋め合わせるために、パン屋はさらに多くの塩を加えた」(『パンの歴史』)。そして分割器や成形機を通しやすくするために、一次発酵をほとんどさせないでイーストを大量投入したため、パンの品質が下がる。

パン業界が変わり始めたのは、一九八〇年代に野生酵母を産業化する酵母業者が出てきたあたりからである。製粉会社もソラ豆粉などを混ぜない小麦粉を開発して売り出す。一九九一年からは、手工業者を対象にした資格であるMOF(フランス国家最優秀職人)が中心になり、パンのワールドカップ、「クープ・デュ・モンド」を始める。また、伝統的な製法を売りにする若い職人が次々と登場し、パンの味は向上し始める。

しかし、その前に国は豊かになって人々がおかずをたくさん食べるようになり、もうパンをたくさん必要としなくなっていた。おいしいものをたくさん食べられるようになったからこそ、量より味を求めるようになったのかもしれない。

この歴史は何だか日本と似ている。日本は戦争の影響と産業化で醬油などの基本調味料の生産方法が変わり、味が変わった。そして、おかずが豊かになってご飯をあまり食べなくなった。炊飯器の進化など、よりおいしいご飯を求める方向に日本人は進んでいる。豊かになると、主食も嗜好品化していくのだろうか。

穀倉地帯、アメリカの誕生

アメリカ合衆国が辿った歴史はフランスと大きく異なる。トウモロコシ文化圏だったアメリカ大陸に小麦が渡ったのは、「コロンブスの交換」と言われる大航海時代のことである。ヨーロッパには「新大陸」からジャガイモ、トマト、唐辛子などがもたらされた。

一五六五年、フロリダに入植したスペイン人が新大陸に小麦の種を持ち込んだ。一六二〇年にはイギリスからプロテスタントのピューリタンが現在のマサチューセッツ州プリマスに辿り着き、開拓を始める。開拓者の半数が生き残り、助けてくれた先住民たちを招いて開いた宴会が、アメリカ合衆国最大の祝日、感謝祭の原型である。ごちそうには、七面鳥などの鳥類、鹿やハマグリなどが使われ、小麦粉のパンやワインもあった。

現在は世界の小麦粉供給庫になっているアメリカは、長く厳しい開拓の道程を辿っており、十九世紀までは小麦をそれほど大量に生産できたわけではなかった。開拓の厳しさを今に伝える物語が、ローラ・インガルス・ワイルダーの体験をもとにした『大草原の小さな家』のシリーズである。

ワイルダーは一八六七年、ウィスコンシン州生まれ。十八歳で結婚して農家の主婦となり、六十歳を過ぎてから自分の子ども時代を小説にすることを思い立ち、九冊の本を出した後、一九五七年に九十歳で亡くなった。それらの本は、開拓生活のディテールが鮮やかに描かれた、個人を切り口にしたアメリカ生活史でもある。

ウィスコンシン州の森でのローラ五歳の一年間を描いたのが、『大きな森の小さな家』(恩地三保子訳、福音館、一九七二年)。「とうさん」は森のクマや鹿などの狩りをして肉を食糧にし、毛皮を売りに行く。豚や牛を飼い、開墾地でジャガイモ、ニンジン、カブ、キャベツ、タマネギ、カボチャ、トウモロコシなどの作物も育てる。秋に豚を屠畜《とちく》して、ベーコンやソーセージ、塩漬け肉などをつくる。「かあさん」は木曜日にバターをつくり、土曜日にパンを焼く。冬の夜は「とうさん」がバイオリンを弾き、皆で歌を歌う。

秋、脱穀機を所有する人たちが来て、小麦を脱穀する。仕事を終えた「とうさん」はこんな感慨を漏らす。

「からざおをつかって打ってたら、どこの家でも、まずたっぷり半月はかかったろうね。だいいち、ああたっぷりは小麦もとれまいし、ああきれいにもいかなかったろうよ。機械ってのは、たいした発明だ！」

ミネソタ州の暮らしを描いた『プラム・クリークの土手で』では、十九世紀後半、農作業の機械化が始まった様子を伝えるほか、イナゴの襲来で収穫間近だった小麦が食いつくされてしまう衝撃的なエピソードを紹介する。「とうさん」は収穫がまだ終わっていない東部まで出稼ぎに行き、何とか家族を養う。自給自足の生活の中心に小麦があり、重要な収入源だった開拓生活の一端がうかがえる。アメリカにも、厳しい時代があったのだ。

『大草原の「小さな家の料理の本」　ローラ・インガルス一家の物語から』（バーバラ・M・ウォーカー、本間千枝子・こだまともこ共訳、文化出版局、一九八〇年）は、ローラの物語の食を研究してレシピをおこした本である。

同書によると、近くにパン屋がない開拓時代の主婦たちは、パンも自宅でつくっていた。そんな歴史から、アメリカの料理書には必ずパンのページが設けられるようになった。一週間に一度焼くパンは日持ちさせるため「主婦たちは、パンがいたまないようにいろんなものを入れたり、また粉の質や自家製のイースト、オーブンの温度といった欠点を埋めあわせるために、さまざまな工夫をしました。今では、食品添加物を使うといってパン製造業者を非難する傾向がありますが、脂と砂糖を入れた、柔らかくて日持ちのするパンというのは、じつは、アメリカのパン作りの伝統から生まれてきたものなのです」。長い歴史を持ち、町に一軒以上パン屋があるヨーロッパと違い、国家を持たない先住民の土地に入植して広大な土地に小麦を植え、自給自足から始めた白人のアメリカは、やがて近代化が進んで工場で大量生産した真っ白いパンをスーパーマーケットで売るようになった。そのシステムを日本は導入したのである。

アメリカでも、全粒粉パンなどをよしとする伝統回帰のムーブメントは興った。『「食」の図書館　パンの歴史』には、「ベトナム反戦運動にかかわり、ヒッピー運動に自分自身をむすびつけた若者たちは、親世代のライフスタイルを否定し、親が好んで食べているパンも否定した。それはおもに、白い小麦粉の否定という形であらわれた」とある。アメリカでも、ヨーロッパと同じ頃に白パンと黒パンの地位が逆転したのである。

歴史を見ると、キリスト教を信仰する白人が渡ったところではパンが主食に仲間入りする。彼らが信じるキリスト教が、パンを必要とするからである。現代の「パン食い人」たちの食生活はどのようなものなのだろうか。そして彼らに、日本のパンの現在はどのように見えているのだろうか。

3　西洋人、日本のパンを食べる

黒パン文化のドイツ人

現在、日本は外国との交流がとても活発になっている。世界中から観光客がたくさん来るし、ビジネスで訪れる人や留学生もたくさんいる。地域で暮らす人に外国人が混じっているのも、そう珍しいことではなくなった。そこで、本場で育った日本在住の西洋人に、彼らのパン文化と日本のパンについて聞いてみることにした。

二〇一五年十二月〜二〇一六年一月、首都圏在住の日本語を話せる三十〜七十代の男女八人にインタビューした。基本的には日本好きで食べることが好きな人たちである。

そのうち四人がドイツなどのライ麦文化圏出身。そこでまず、神戸のパン食文化の中興の祖、フロインドリーブの故郷でもあるドイツのパン文化を紹介しておこう。

ドイツでは小麦粉のパンもライ麦のパンも食べるが、小麦が育たない北部のほうがライ麦パン比率は高い。スライスして家族で分ける大型パンをブロート、あんパンぐらいの小さなパンをブローチェンと呼ぶ。ブローチェンは朝食べることが多い。

ブロートは小麦粉だけのものもあれば、さまざまな割合でライ麦粉が入ったもの、クルミ入り、ヒマワリ、ゴマ、カボチャ、キャラウェイなどの種を表面にまぶしたり、中に混ぜたものがある。粗挽きライ麦粉からつくったずっしりと重いプンパニッケル、小麦や大麦、ライ麦などの全粒粉もしくは粗挽き粉や雑穀でつくったフォルコンブロートなど、全国におよそ四百種類ものバリエーションがある。サワーだねを使うライ麦粉中心のパンは酸味がある。キメが細かく密度が高いので、ずっしりと重く食べごたえがある。

ブローチェンは約千二百種類。地域によって違うパンもあるし、パン屋ごとのオリジナルパンもある。外皮はカリッとしていて、中は柔らかい。代表的なパンは、丸くて縦に切れ目が入っているカイザー・ゼンメル（ゼンメル、センメルとも呼ぶ）。ブロートと同じように種をまぶすものがあるほか、ミルクを入れたり、チーズやフライドオニオンを載せたものの、干しぶどうが入るものなどもある。

最近は、酸味が好まれなくなる傾向はあるが、ヨーロッパの中では比較的伝統的なパンが残っているようだ。

『「食」の図書館　パンの歴史』によると、その背景にはまず十九世紀から二十世紀初めにかけて、急速に進んだ工業化に対する懸念から起こった生活改革運動の影響がある。こ

典型的なドイツパンいろいろ。中央上から時計回りにブロート、種をまぶしたミューズリーベッケン、黒けしの実のカイザー・ゼンメル、プレッツェル

ドイツの食事パン、カイザー・ゼンメルのバリエーション。右側のものはひまわりの種がたっぷり載っている

の運動では白パンより全粒粉パンが健康によいと賞賛された。その後もナチスドイツの国家称揚の運動、パン製造の工業化を含め戦後さらに進んだ近代化への反発があって、伝統への関心は保たれてきた。ドイツでは、もう百年ぐらい全粒粉パンをよしとする歴史を持っているのである。ドイツはヨーロッパで最も一人あたりのパン消費量が多いそうで、それは昔ながらのパンを食べられる環境があるからかもしれない。

さて、そんな戦中戦後を生き抜いて半世紀前に日本へ来たドイツ人が、ハンブルク出身のゲルトルード・高野さんだ。商社マンだった夫は数年前に亡くなり、ドイツテレビ東京支局の事務職として定年まで働いた後、現在は神奈川県大磯町でリタイア生活を送る。

高野さんが生まれたのは一九四二年。家はドイツ北西部のハンブルクにあったが、戦争中に五十キロほど離れた母の田舎へ疎開した。父は戦死し、祖父母の家で暮らしながら母は洋裁の仕事で三人の子どもを養った。

生活は苦しかったが、食べる楽しみはあった。祖父は職人だったが、家の庭で野菜を育て豚も飼っていた。年に一回豚を解体してつくる、ソーセージやハムなどがおいしかった。また、農家の同級生が分けてくれる手づくりのパンが「買うパンとは比べられない、なんとも言えず香ばしくておいしい」パンで忘れられない。外皮はカリカリで中は白いパ

ジャガイモや古いパンを丸めただんご、クヌーデル。ドイツなどでは、肉料理のつけ合わせとしてよく食べられている

ンもあれば、ライ麦入りのものもあった。

ふだんの食事は朝がパンとチーズ、ソーセージやゆで卵など。昼食がメインディナーで、ジャガイモ料理が中心になる。クヌーデルという、ジャガイモでつくるだんごが、特に手がかかる料理だった。夜も朝と似た、パンがメインの献立だった。

十八歳のときに家族でハンブルクに戻り、高野さんは就職した。ドイツ駐在の日本人と出会って来日し、結婚したのは二十三歳のときだが、夫がパン好きだったので、「今日は料理したくない、パンでいい？」と聞いても喜んだ。納豆や味噌汁、豆腐も好きで日本食もよく食べている。ただ、魚は子どもの頃に食べてまずかった記憶があるので、今でも料理するのは苦手だ。

一九六〇年代の来日当初、パン選びには苦労した。仕方なく食パンを食べていたところ、勤めていたドイツテレビの近くのスーパーの紀ノ国屋でフォルコンブロートがあるのを発見する。

その後、職場にドイツパンのセールスの電話があった。ハンブルクから来たマイスターがつくるという三重県のパン屋。その人の修業先がなんと、ハンブルク時代に通ったパン屋だった。ドイツ人の同僚たちが皆喜んで購入したそのパンを、今も取り寄せている。

高野さんの日本のパン評は、「ふわーんとして頼りない」というもの。「メロンパンとか菓子パンはパンとは思わないけれど、カレーパンはおいしいと思う。バゲットはおいしい。すごくレベルが高い。日本のパンはよくなったよ」と感慨深げに話してくれた。

午後の「パンの時間」

一九八三年にドイツ南部のミュンヘンで生まれたセバスティアン・ホヘンタナさんの経験はかなり異なる。旅行や留学で何度か日本を訪れた後、二〇一一年からドイツ人の取締役もいる貿易会社の食品部門で働いている。神奈川県川崎市に日本人の妻と住み、和食中心の生活を送るが、帰国する際はパンを食べることを楽しみにしていると話す。

子ども時代は、プレッツェルやブロートを日常的に食べ、週末にはプレーンのものやシリアルが入っていたり、キャラウエイ、ケシの種がついたさまざまなゼンメルを食べて育った。ブロートやフォルコンブロートが残れば、専用のパンケースに入れて保存した。

「お気に入りは一三三一年から同じレシピでつくられている『1331』というパンです。ずっと同じサワードゥ（サワーだね）を使っているそうです。何でも合うので、マーマレードやはちみつを塗ったり、スモークハム、ボイルドハム、生ハム、チーズを載せたり、バターを塗って塩コショウを振って食べたりします」

パンを食べるのは週三日ほど。パンを食べないのは、ポテトグラタンやマッシュポテトなどのジャガイモ料理やパイ、キッシュが献立にあるときだ。

パンを残すのはいけない、と両親から教わった。レストランでも「本当に食べられる量だけ頼んでね」と言われた。固くなったパンは、クヌーデルにして料理に使った。農家だった祖母の家では鶏など家畜の餌にしていたという。

日本のパン初体験は旅行で訪れた二〇〇四年、コンビニで。当時は日本語がまったくできなかったので、自力で、マーマレードが入っていて粉砂糖がかかったクラップフェンというパンに似たビジュアルのものを探し、食べたあんパンやメロンパンは気に入った。一方、辛くて驚いたのがカレーパンだった。

「あんパンもメロンパンもカレーパンも、パンじゃない。焼きそばパンも、炭水化物にほかの炭水化物を入れる理由がわからない。でも、どれもおいしくないとは思わないし、面白いものだとは思います」と言うホヘンタナさん。日本ではドイツパンの店が少なく、あっても皮が柔らかめなので違和感がある。フランスパンは水準が高いので、買うことが多い。

おいしいドイツパンが手に入ったときに夫婦で楽しむのが、ブロートツァイト。ドイツ語で「パンの時間」を意味する、おやつのひとときだ。南ドイツの農家が昼食と夕食の間に、パンにハムやチーズを載せて食べていた習慣に由来する。ホヘンタナさんの家族は、さまざまな種類のパンを用意し、ソーセージやピクルスなど、めいめいが好きなパンと好きな具を合わせて食べたという。

一方、「日本で黒パンを買うのはあきらめました」と話すのは、一九六六年生まれ、オーストリア・ウィーン出身で来日三年、大学で映画史を教えるローランド・ドメーニグさんだ。帰国したときにパンをまとめ買いし、冷凍保存して少しずつ食べる。

十字に切れ目の入ったプレーンのカイザー・ゼンメル

カイザー・ゼンメルや、小麦粉とライ麦をブレンドしたブロートを日常食とし、ジャガイモがあるときはパンを食べないことや、固くなったパンをクヌーデルにして食べる習慣は、南ドイツと共通している。クヌーデルはカイザー・ゼンメル、卵、牛乳、塩、パセリを混ぜ、丸めて茹で、肉料理に添えて食べる。

「白パンはニュートラルな味、早く固くなる。黒パンは味がしっかりしていて、コリアンダー、クミン、キャラウェイなどのハーブやスパイスが入っていて二日目のほうがおいしい場合もあります。ちゃんと噛まないと飲み込めない。日本人は噛まなくても食べられるふわふわのパンが好きですね」

両親がアルプス地方出身で、新しいパンを切るときはナイフでパンの裏側に十字の印を入れる習慣があったという。もともとは修道院などで行われていた、祈りながら魔よけとして印をつける習慣で、『パンの文化史』にも紹介されている。

最近ウィーンではオーガニックのブームがあり、好みの割合で粉をブレンドして楽しむ自家製パンも流行っている。昔はブロートを買って家族で分けて食べたものだが、若い人はブローチェンを買い、その都度食べ切るケースがふえてきたと話す。

社会の変化は、エストニア出身の留学生、アロ・ユエカルダさんも言う。グルメブームで外国料理が流行っている影響で、食パンやバゲット、チャバタなども入ってきた。

一九八六年生まれ、首都のタリンで育った。エストニアは一九九一年に独立するまでソ連に属していた。人口の三割はロシア人で、十九世紀に占領していたドイツの影響も強い。黒パンが中心で、粗く挽いた小麦粉、大麦粉を使った「sepik」という伝統的なパンがある。プンパニッケルもよく食べる。

ユエカルダさんも帰国時はパンをまとめ買いし、日本の「ふわふわして中身があまりない」パンに驚いたと話す。耳を落とした日本のサンドイッチを初めて目にしたときは、ショックだったという。何しろエストニアでは、大人から子どもまで一番ポピュラーなパンが、四角や丸の平たい黒パンの、その名も“Koorikleib”（黒いパンの耳）だからだ。

日本の柔らかいパンの文化は、ライ麦文化圏の人々にとっては異文化なのである。彼らがパンに求めるのは食べごたえ。おにぎりみたいに腹持ちするのが、彼らの国のパンである。

英米人のパン

では、ライ麦文化圏の常識は、圏外の人々にも通用するのか。今回取材した中で、ドイツでパンのおいしさに目覚めたという人がいた。一九五三年にアメリカ・ウィスコンシン州で生まれ、イリノイ州の小さな町で育ったマイケル・クラインドルさんだ。三鷹市に家を買って日本人の妻や子どもと住み、ライターと大学准教授をしている。

子どもの頃はスーパーで買ってきたワンダーブレッドという大手メーカーの食パンを、ピーナッツバターサンドイッチやチーズトーストにして食べた。学校へは弁当としてBLT（ベーコン・レタス・トマト）サンドやPBJ（ピーナッツバター・ジェリー）サンドを持っていった。柔らかいパン文化のアメリカだが、「パンの耳はもちろんついている」と言う。

両親は教師で忙しかったため、自分でパンの耳にバターとピーナッツバターを塗り、ぐるぐる巻いてケーキみたいにして食べるおやつが好きだった。

十八歳だった一九七一年、志願してベトナム戦争に行った。配属先は西ドイツ。東ドイツとの国境地帯でソビエト軍の情報収集をする任務に就く。村のパン屋で焼きたてのブローチェンやフォルコンブロートを食べておいしさに驚き、毎朝楽しみにするようになった。

二年後帰国し、大学在学中に禅の文化に興味を持って一九八一年に来日。神奈川県小田原市に住んだが、一～二年後に「リトルマーメイド」が近所にでき、ダークチェリーのペストリーやバゲットを食べて、ご飯のイメージしかなかった日本にもおいしいパンがあるのだと喜んで、毎日買うようになった。一九八〇年代はチェーンのパン屋が次々とできた頃で、「ヴィ・ド・フランス」や「ドンク」、「サンジェルマン」などにも行った。

三鷹市に住み、ガスオーブンを手に入れた二〇〇〇年代から、食パンや野生酵母だねのカンパーニュなどをつくるようになった。息子に「パンをつくって」とせがまれることもある。リタイア後は喫茶店をやりたいと話すクラインドルさんは、ピザトーストや海苔バタートーストがお気に入り。しかし、あんパンやポテトサラダサンドはあまり好きではないと言う。豆が甘かったり、炭水化物をパンに挟む文化が理解できないのだ。炭水化物がダブらないことを求める点は、ライ麦文化圏の人たちと同じだ。

同じく食パン文化圏のイギリス人はどうだろうか。一九七六年生まれのキャサリン・松島さんはバーミンガム州生まれ、ウスターシャー州の州都、ウスター育ち。二〇〇六年に来日。イギリス資本の銀行に勤め、日本人の夫と神奈川県鎌倉市に住んでいる。

イギリスにいた頃の食生活は次の通り。夕食にジャガイモ料理やパスタがあればパンを食べないが、朝と昼は食パンを食べる。やはり炭水化物をダブルで摂ることはないようだ。ほかに丸いパンやライ麦パン、全粒粉パン、バゲットなども食べる。残りもののパンは、レーズン、牛乳、砂糖を加えてオーブンで焼くパンプディングにしたり、パン粉にする。イギリスと日本の食パンの違いは厚さ。イギリスでトーストにするパンは、厚さが一・五センチほどしかないと話す。

「日本のパンは分厚いので驚きました。フルーツクリームサンドもトライしました。とてもおいしい。ポテトサラダサンドは食べませんでしたが、組み合わせは面白い。変わった具材がたくさんあります。日本のパンは皮が柔らかいと思います」

イギリスのパンが恋しくなることはあるのかと尋ねたところ、恋しいのは、パンより鶏ときのこのパイやビーフパイなどのパイ類だという。自国のパンを求めないのは、学生時代に食べた弁当のサンドイッチがあまりおいしくなかったのと、「VIRON」や「ビゴの店」、「ジョエル・ロブション」などバゲットのおいしい店が日本にはあるからだ。

ライ麦文化圏の人たちも、食パン文化圏の人たちも、惣菜パンや菓子パンに驚き、固い皮を求める点で意見は一致するが、同時に日本のフランスパンはおいしいと話す。では、フランス出身の人たちは、どのように思っているのだろうか。

バゲットは裏置き禁止

日本に住んで十七年、食品輸入会社に勤めるクロード・ジェームズさんは、一九六八年にフランス南部のプロヴァンス地方にある小さな町に生まれた。保険の外交員だった父が、外回りのついでにあちこちでパンを買ってくるので、毎食バゲットなどを食べていたが、当時のパンはあまりおいしくなかったと話す。食べるのは翌朝。日曜日は、クロワッサンなど焼きたてパンを買うか、買えないときは少しトーストした温かいものを食べた。カトリック教徒だったので、日曜日に教会へ行くと聖餐式に参加することもできたが、そのときに出る薄焼きのパンはおいしくなかった。

フランスには「キャトル（四時）」というおやつの時間があり、パンの上に板チョコを載せ、オーブンで五分ほど軽く焼いて食べたりした。今はイタリア製チョコスプレッドを使う人が多い。

ハムとチーズを挟んだカスクート（カスクルート）はどこのパン屋にもあった。楽しみにしていたサンドイッチは、大きな丸いパンの中身をくり抜いて中にオリーブオイルを塗り、トマトやアンチョビ、卵、バジルなどのサラダを入れた夏限定のパン・バニア。バゲットのほか、フィセルなどの細長いパンはあったが、バタールはなかった。もちろんフランス人も皮が好きなのだ。ジェームズさんも柔らかいパンは苦手だという。土曜日に立つ市場では、農家が一抱えもあるカンパーニュを売っていた。

パンに関して、両親から「してはいけない」と言われたのは、残すことと、バゲットをひっくり返して置くことだった。

最近フランスではバゲットもつくれるホームベーカリーが人気だという。種類の異なる小麦粉を使ったバゲットを並べるパン屋が多くなり、おいしくなった。日本では、「ポンパドウル」や地元大磯町のパン屋が気に入っている。日本に来てガーリックトーストや明太子フランスと出合った。妻が日本人のため昼は和食が多いが、夜はできればパンを食べたいと話す。

二人目は、フランス北部のブルターニュ地方の主要都市、レンヌで一九八四年に生まれた食品メーカーに勤めるナデージュ・オデオンさん。フランスでは、ふだんの食事は朝にカンパーニュかバゲットだった。クロワッサンは友人が来るときに買ったり、誕生日に会社に持っていって配るなど、特別感のあるパンだと話す。キャトルの時間はブリオッシュなども食べる。

夜はパンとチーズとスープの食事が多かった。ブルターニュは昔、小麦粉が育たないためそば粉を使ったクレープのガレットが主食だった地域。オデオンさんも週に一度はガレットを食べた。ハムとチーズと卵を入れたガレット・コンプレットや塩バターのガレットは、世界中どこでも食べられる、とうれしそうに話す。

オデオンさんは転勤でミュンヘン、マルセイユ、パリを経て、現在はフランス人の夫と東京に暮らす。転勤でマルセイユに暮らしていたときに、弁当を持ってこなかった日の昼食はよくクルミパンやトウモロコシ粉のパンを買って、ブルーチーズやベーコンなどと食べていたという。

固くなったパンは、クルトンにしてサラダやスープに入れたり、パン粉にする。それから、「失われているパン」を意味するパン・ペルデュ。それは、卵と牛乳、砂糖を混ぜた

日本のフレンチトースト。最近はバゲットを使い、果物を載せたり、クリームなどを添えることも

ものに食パンを浸して焼く日本のフレンチトーストとは似て非なるものだと話す。固くなったパンにまず温かい牛乳を吸わせることがポイントで、溶いた卵、スパイス、砂糖を混ぜた中に入れてフライパンで焼き、温かいうちに食べる。

三年前に来日。「日本人は固い皮が好きじゃないと思います」と彼女も言うが、「日本の伝統料理をすごく尊敬している」と力を込めて話す。玄米ご飯に漬けもの、梅干し、海苔、味噌汁などが好きで食べる。

オデオンさんは、日本のパン屋について、「フランスで修業して伝統製法を学び、伝統的なレシピを一生懸命守る。そしてお客さんを大切にする日本人は偉いと思います」と言う。日本人はフランスのパンの文化を、「日本のものにしたと思います」。

どの国の人もパンを大切なものと位置づけており、背景にはパンを大切にするキリスト教的な食文化が見える。生活が苦しいときは小麦粉のパン以外も主食として食べてきた。彼らが口を揃えて言う日本のパンの特徴は二つ。

一つは日本的な菓子パン、惣菜パン。彼らが違和感としてこれらのパンを捉えたことは、逆にこれらのパンこそ日本食であることを裏づけている。もう一つは皮が柔らかいこと。これも日本の食文化の特徴と言える。パンという外国由来の食べものから、逆に日本の食文化の特徴が見えてくる。

しかし、いくつかのパン屋の名前を挙げたうえで、全員が「日本のフランスパンはおいしい」と言ったことには興味を引かれた。柔らかいパン文化圏の日本でいったい何が起こっているのか。次は日本のフランスパン最新事情である。

第五章　フランスパン時代の幕開け

加速するパンブーム

神戸文化圏から東京へ来たばかりの二〇〇〇年代初頭、私はおいしいパン屋さんを見つけるのに苦労していた。おいしい食パンを売るパン屋はあるが、大好きなフランスパンを置いてある店があまりないのだ。たまにバタールを売っている街のパン屋を見つけることはあるが、買ってみると皮が柔らかめで、「ちょっと違う」と思ってしまう。その後もあちこちでパン屋に行ったが、やはり柔らかい皮のフランスパンに出合う確率は高い。高級住宅街や都心を除き、東京はおおむね柔らかいパン文化圏である、と私は結論を出した。

その東京で、ここ数年異変が起きている。

気がつけば、フランス語でパン屋を意味する「ブーランジェリー」を名乗る店が、あちこちにできている。青や緑、赤などのサッシがアクセントのスタイリッシュな外観で、明らかにフランスをイメージしている。置いてあるパンの種類は少なく、単価は高め。コッペパンサンドが見当たらない替わりに、カンパーニュのサンドイッチがある。バタールよりバゲットの存在感が強く、もちろん皮は固い。都心には、フランスから日本に上陸した店もふえてきた。

一方、住宅街の一角や商店街の空き店舗などに、間口も奥行きも小さいパン屋もできてきた。オーナーは若い女性が多く、スコーンやジャムなども置いている。ハード系パンはあるが食パンがない場合がある。品揃えは少なく、パンの形がどこか素朴。値段はやはり高め。

経済産業省の商業統計によると、パンの製造小売の数は一九九七（平成九）年の約一万二千六百店をピークに減少を続けていたが、二〇一二年から二〇一四（平成二十六）年にかけて千四百五十九店増加している。新旧交代が起こって業界が活性化しているのかもしれない。

そんな潮流を消費者が敏感に感じ取り、パンブームが始まった。もちろん、これまでにもパンの流行はあった。大正半ばに起こったコメ騒動の後の食パン人気もあれば、ドンク東京上陸とともに流行ったバゲットやバタールもある。二〇〇〇年代初頭にはメロンパンや蒸しパンが流行った。しかし、今回注目されているのは、パン屋自体である。その中で目立つのは、やはりフランスパンだ。

ブーム到来を決定づけたのは、『Hanako』二〇〇九年十一月十二日号で「東京パン案内。」という特集が組まれたこと。その後、二〇一一年三月十一日の東日本大震災の影響で生まれた自粛ムードが収まったあたりで加速度を増した。きっかけはおそらく、二〇一一年十月に世田谷区・三宿《みしゅく》で地元を中心に人気パン店を集めたイベント、「世田谷パン祭り」が始まったこと。人気を受けて二〇一三年秋には、表参道の国連大学前で週末に開かれる青山ファーマーズマーケットの中で、年に何回か「青山パン祭り」が開かれるようになった。その後、パンイベントは各地で開かれている。

女性誌『Hanako』2009年11月12日号

パン屋情報も多い。雑誌やムック本、テレビの情報番組でパンやパン屋の特集がある。SNSを利用し、インターネット上で店情報などを発信する人もいる。その結果、人気店には行列ができる。わざわざ電車を乗り継いで話題の店を訪れるパン好きもふえてきた。

ブームが広がるにつれ、いくつかの細かい流行も生まれた。食パンやコッペパン、サンドイッチといった特定のパンについての流行も生まれた。これらのパンは、専門店が登場したことでも人気が高まっている。

材料の粉にも注目が集まっている。二〇〇一年頃から健康効果があると言われる全粒粉やライ麦粉の人気が出て、大手メーカーの食パンにもそれらを配合したパンがラインナップに並ぶようになった。雑穀ブームも時期を同じくして発生。昔は貧しさの象徴だった素材が、ヘルシーと思われて人気を集める傾向は、西洋の健康ブームと共通している。

本章では、そんなパンブームの背景を解き明かしてみたい。なぜなら、そこに今後の日本のパン文化の行方を占う手がかりがある、と思われるからである。

マニアたちの登場

パンブームが始まったのは、二〇〇八年秋のリーマン・ショック後だ。

その前段として、二〇〇〇年前後のデパ地下ブームに伴って発生したスイーツブームがある。平成不況のどん底で流行り始めたスイーツは、ファッションにあまりお金をかけられなくなったが、トレンド消費への欲望を満たしたい人々の心理を反映していた。

しかし、デパ地下で売られるスイーツは、気軽なおやつとしては値段が高い。一人分だけは買いにくいこともあり、ブームが一巡して冷めてきたところへ、再び大きな景気の後退が起こった。それでも、単に空腹を満たすだけではない食への欲望は消えなかった。おいしいものは、ささやかな幸せをもたらしてくれるからだ。

そんな人たちが発見したのが、ちょっと高級だがスイーツより気楽に食べられる、話題の店のパンだった。一部のオーナーシェフがスター化するところも、スイーツブームのときとよく似ている。あの頃と違うのは、情報量が格段にふえたことだ。

地域に散らばるパン屋の情報を、マスメディアやインターネットを通して提供してきたのは、パンマニアたちだ。その中には、自らの足やパン好きネットワークを生かして見つけた店を紹介したり、パンの魅力を伝えたいプロの書き手もいる。

パンマニアが登場する背景には、高度成長期に家庭料理が質・量ともに充実したことに続いて、一九七〇年代以降充実の一途を辿る外食店の存在がある。外食慣れした世代が社会の中核を占めるようになり、ふつうの人がふつうに舌が肥えている時代になった。

パンマニアを育ててきたのは、クオリティを上げ続ける日本のパン屋である。日本にはフランスのように国立のパン学校はないが、チェーン展開する大手製パン会社がある。職人の手作業を工程に組み込んだ大手企業には新人を育てる余裕があり、業界の技術向上に貢献してきた。話題の店のオーナーシェフの経歴をみると、見覚えのある大手製パン会社での経験があることは多い。

本場を知ろう、とヨーロッパで修業してくる人も多い。二〇〇〇年代初頭にスイーツブームが起こったのも、そういったヨーロッパ体験組の店がふえてきたことが背景にある。一方で最近は市場拡大のため、ヨーロッパからグルメ大国日本へ進出したい、と望むパン屋も少なくない。

高い技術力に支えられたものを食べた人々がパン好きになり、その味をより多くの人たちに伝えたい、分かち合いたいと情報発信をする。仲間のパン屋情報を仕入れると、自分もその味を体験しに出かける。経験を重ねるうちに舌が肥え、遠征してでも行列してでも、おいしいパンを食べたいと望むようになる。その中には、インターネットで発信する情報の取材を兼ねた食べ歩きを趣味にする人もいる。

パンのために交通費や時間を費やすことを厭《いと》わない人々が、一個数百円のパンの価格の相場が五十円、百円上がったところで不満があろうか。値段の高さは、製造の手間や良質な材料の証のはずなのだから。もちろん、原料代の上昇や消費税増税などの要因もあるが、それだけがパン価格の相場上昇の理由ではない。

高いパンでもおいしければ売れるきっかけをつくったのが、東京・渋谷と丸の内で店を構える「ＶＩＲＯＮ」である。

高級パンで勝負する

「VIRON」は、第三章で取り上げた食パンブームの火つけ役、飲食店経営を手がける会社のル・スティルが営む店である。「バゲット・レトロドール」は三百五十円と高いが、香りが高く、固い皮としっとりした中身のコントラストがはっきりしていて、嚙みしめるほどに味わいが増す。

紫色がかったシックな赤いファサードが特徴の店には、パリのパン屋を思わせる重厚感があり、店内に柔らかい皮の惣菜パンはいっさい置いていない。高級住宅街の松濤《しょうとう》町が近い東急渋谷本店前の店には、西洋人もよく訪れている。

ル・スティル社長の西川隆博は兵庫県加古川市生まれ。地元で「ニシカワパン」ブランドを展開する製パン会社の三代目。二〇一三年十月発行の『ふるさとひょうご』（東京兵庫県人会）一一八号に掲載された西川のインタビューによると、父の代には、地元ではヤマザキパンを抜いてほぼシェアナンバーワンにまでなった人気のパン屋である。

一九九二年に関西学院大学を卒業後、家業のニシカワ食品に就職。バブルが崩壊しパンの消費が落ち始めた時代とぶつかり、「人件費や設備投資にすごくお金がかかるのに、なかなか売価には上乗せできない」状況を打開しよう、と一九九八年、神戸市北野町にバゲ

本格派のフランスパン専門店ではバゲットにもさまざまな種類がある

ットと食パン専門店「ラ・サン・ミッシェル」を出す。

まもなく、多角的貿易交渉のGATT（関税貿易一般協定）ウルグアイ・ラウンドの農業合意を受けて貿易自由化が進んだ結果、一九九〇年代末にはフランス産の材料が手に入りやすくなった。

本場の材料を使ったフランスパンの店は繁盛し、西川は良質なパンに対しては客もコストを払う、という手応えを得る。

そこでパリに行き、百店以上のパン屋を回ってバゲットを食べ比べし、見つけたのが製粉会社、ヴィロンの「レトロドール」という小麦粉を使ったものだった。「レトロドール」はヴィロン社長のフィリップ・ヴィロンが、食品添加物を含まない小麦粉を探すパリのパン屋と出会ったことをきっかけに、一九九三年に開発した無添加の小麦粉だ。西川はヴィロンと粘り強く交渉し、小麦粉の独占使用の契約を取りつけた。

神戸で出店しようと探したが、都心で条件が合う不動産物件に出合えなかった。そこで「東京で勝負しよう」と決心し、見つけたのが現在の渋谷店の場所だった。業界仲間からは「そんな値段では成立しない」と心配されたが、「質も価格も日本一高いパンをつくる」と宣言し、パン屋の「ＶＩＲＯＮ」を開店したのは二〇〇三年である。

次々出店する本格派

周囲の心配をよそに「ＶＩＲＯＮ」は人気店になった。その背後には、西川と「ビゴの店」での修業経験もある職人の牛尾則明の二人三脚による試行錯誤があった。例えば、フランスのバゲットのようなパリッとした皮の質を出すために、超硬水のコントレックスを使う技を編み出したのもその一つだ。そして、都市部を中心に次々と本格フランスパンの店が開業する時代の波に乗ったからである。

バタールよりバゲットが目立つそれらの店は、パンの皮が固くて焼き色の茶色が濃い。

クロワッサンなどの皮も見るからにパリッとしている。基本的にはハード系のフランスパンが中心で、カンパーニュやリュスティックなど、それまであまり見なかった種類のパンもある。しっかりした味わいに特徴がある。

都市部で本格派の店として最初に登場したのは一九九六年、神戸・三宮の「ブーランジェリー　コム・シノワ」である。前年の阪神・淡路大震災を受け、「人々の日常に寄り添うパン屋」（WEBサイト「関西食文化研究会」の「料理人が刺激を受けた味・技・人」二〇一一年）を目指してできたフランス料理店のパン部門だ。立ち上げに関わったパン職人の西川功晃《たかあき》は現在独立して、三宮で「サ・マーシュ」を営み、レシピ本も出す人気者だ。

一九九八年には京都・今出川に、「ル・プチメック」が開店。香ばしさと旨味が強いパンを出す人気店で東京にも出店しているが、最初の三年は売れ行きが伸び悩んだことを、オーナーシェフの西山逸成が、『恋するパン読本』（小麦好き委員会パン倶楽部、PHP研究所、二〇一五年）の中で述べている。

二〇〇〇年代初頭には、東京にも話題を集めるパン屋が次々と開業し始めた。その頃東京で最も注目を集めたのが、フランスから上陸してきた二つのパン屋。二〇〇一年開業の「メゾンカイザー」、そして同年東京初出店の「PAUL」である。

ほぼ同時期に二つもフランス発のパン屋ができ、メディアで盛んに取り上げられた結果、新しいもの好きの東京人の間でフランスパンブームが始まった。

「メゾンカイザー」は一九九六年、パリで開業したパン屋で、厳選した素材と液状の野生酵母発酵だねを使った低温長時間熟成のパンで知られる。社長は一九六四年、フランス東部のアルザス地方のパン屋の息子として生まれたエリック・カイザー。フランス全土のパン屋を巡って新旧の製パン法を身につけた後、フランス国立製パン学校で教鞭を執った後、世界各国を巡って外国の製パン法も学んでいる。

フランスの食文化を世界に伝えようと考えるカイザーが、最初に進出した外国が日本だった。パートナーとして選ばれたのは、銀座木村屋の六代目社長の長男で一九六九年生まれの木村周一郎だ。

木村は慶應義塾大学を卒業後、六年間会社員生活を送った後に、ニューヨークとパリでパン屋修業をしている。パリでの修業先が「メゾンカイザー」だった。現在全国各地の都市部中心に展開しているが、日本の開業の地は、東京・高輪だった。

フランスのパン屋を再現

第四章で取り上げたように、フランスではここ三十年ほど、手づくり・無添加のパンが見直されている。東京にフランスパンの流行をもたらしたのは、フランスでその潮流を引っ張ってきたパン屋と製粉会社である。

その中の一つで、ブームの要因となったもう一つの店が「ＰＡＵＬ」である。東京・八重洲に進出したのは二〇〇一年。黒を基調とするシックな店構えと、カリッとした皮のバゲット、パリパリのクロワッサンが特徴だ。レアールパスコベーカリーズの平池浩さんによると、当初は「これだけお金をかけてこの売上では厳しいなという状態だった」が、すぐにメディアに取り上げられ、一気にブームがやってきた。想定の三～四倍の客が詰めかけ、行列ができた。平池さんは当時店で製パンの責任者を務めており、「閉店後も翌日の準備をするので、夜中まで働いた」と振り返る。

「ＰＡＵＬ」は、チェーン展開するパン屋がほとんどなかったフランス国内に約三百五十店を展開するほか、ヨーロッパ、アメリカ、中東にも進出している。

始まりは一八八九年、フランス北部のリール郊外でシャルマーニュ・マイヨが開業したこと。その店「ＰＡＵＬ」をパン屋の四代目のフランシス・オルデルが買い取ったのが、一九五三年。フランシスは、収量は少ないが上質な昔の小麦を復活させ、生産者と直接契約するなどして小麦粉の供給体制をつくり上げる。無添加の小麦粉を使ったたねを長時間発酵させるなど製法にもこだわっている。

フランスで初の支店を開いたのは一九六三年。一九七二年、通常フランスでは地下にあった厨房を一階に設置し、ガラス張りの窓から手づくりの工程を見せる「劇場のようなパン屋」(『パンの歴史』)を始めた。現在の店構えにしたのは一九九三年。古きよき時代を髣《ほう》髴《ふつ》とさせるパンの店だと、ひと目でわかるようにしたのだ。

日本初出店は名古屋・松坂屋のデパ地下で一九九一年。日本での運営を担ったのは、敷島製パンだった。まだ特徴的な黒いファサードではなかったが、カントリー調の温かい雰囲気で、フランスから厨房機器、備品、店内装飾に至るまで輸入してつくり上げた店である。

名古屋店は人気があった。オルデル家側の強い要望があっての日本進出だったから、敷島製パンは十年間店舗を守ってきた自負はあった。しかし、オルデル家側の次期契約の考えがよくわからず、複雑な思いを持って牧野隆英らはパリへ行く。すると、一九九〇年の最初の契約時には残っていた素朴な雰囲気が消え、シックで都会的な店を都市部で展開す

PAUL神楽坂店

る大企業に変貌していた。そして、海外事業を担当するフランシスの長男、デビットの熱望を受けて再契約が決まる。運営は敷島製パンの子会社であるレアールパスコベーカリーズに移っており、体制を整え、「ＰＡＵＬ」の快進撃が始まるのである。

東京で再出発するにあたり、店内装飾から材料までフランスから輸入した。後にレアールパスコベーカリーズ社長となった牧野は「日本のフランスパンの歴史を変えるぐらいの気持ちで、とことんやるぞ」とスタッフにハッパをかけた。

何しろパンの皮は固い。日本で受け入れられるかは未知数だった。フランス本国と同じ粉を使い、コントレックスを混ぜてつくるバゲットに、冷凍生地ごと輸入して焼いたクロワッサン。居ながらにしてフランスの味を楽しめる店は、やがて「メゾンカイザー」との相乗効果で大人気となり、都心を中心に多店舗展開を始めて現在に至る。

本格的な味が受け入れられた要因には、バブル期以降海外渡航者が加速度的にふえたことや、在留西洋人の増加のほか、一九八〇年頃から町のフランス料理店がふえ、デパ地下にフランスの食の高級店進出が相次いだことがある。

最初に出店したのは、フランスでケータリングや惣菜を請け負う最大手の一角をなすルノートルで一九七九年、西武池袋店。一九八〇年に日本橋高島屋に高級食品加工ブランドのフォションが、一九八二年にはルノートルのライバルのダロワイヨが東京・自由が丘へ進出した後、一九八四年に日本橋三越本店に出店。大丸梅田店にポール・ボキューズが一九八三年に、一九八四年には、三つ星レストランのトロワグロが小田急百貨店新宿本店に進出。

パンで最初に注目を集めたのはフォション。焼きたてパンの香りで客を呼び、クロワッサンが一日千個も売れたという。そのパンを日本でつくったのも、敷島製パンのパン職人たちだった。ポール・ボキューズのパンも敷島製パンが請け負った。フランスの店が求める味を再現する技術力の蓄積が、「PAUL」への道を開いたのだ。

二〇〇〇年代に始まった本格フランスパンブームは、受け入れ側の私たちに素地があったのだ。その起点は一九八〇年前後、昭和五十年代である。この頃日本では、もう一つパンブームの土台をつくる潮流が生まれていた。舞台は一般家庭である。

第六章　ホームメイドのパン

趣味のパンづくり

昭和五十年代の話に入る前に、日本のホームメイドパンの歴史をざっとみておこう。日本に家庭でパンを焼く文化を伝えたのは、第三章で紹介した田辺玄平である。大正時代に初の国産イーストを開発した彼は、パンを身近にするために「学校などにもちこんで、家庭製パンの普及まではかつた」（『パンの明治百年史』）。戦前に、学校で学んだパンづくりを楽しんだ主婦はいたかもしれない。

切実な動機で流行ったのは終戦直後。コメの配給は乏しかったが、小麦粉や小麦フスマ、トウモロコシ粉などの配給があったので、パン焼き器でパンを焼くことが流行った。一九四六（昭和二十一）年には「君知るや……パン焼の楽しさを」とコピーをつけたミツビシ文化天火が話題になった。パン焼き器自体を手づくりする人もいたらしい。イーストを使わないため、「石のようにかたくて黒いパン」だったと、『キャッチフレーズの戦後史』（深川英雄著、岩波新書、一九九一年）にある。

趣味としてのパンづくりの人気が本格化するのは、新聞社や放送局、百貨店などの系列のカルチャー教室が流行った一九七〇～一九八〇年代である。料理研究家やお菓子研究家が開く教室でもパンのつくり方を教えた。背景には、エネルギーを持て余す主婦層の登場がある。

日本で「主婦」という言葉が生まれたのは明治時代半ば。裕福な家庭で使用人を指揮する「奥様」を表す言葉が、家事・育児を自ら行う既婚女性を表すようになったのは、専業主婦層の拡大を前提にした『主婦之友』が一九一七年に発売されてからである。

主婦になる女性がふえたのは、一九〇〇年前後の産業革命の後、企業が次々とできて片働きで家族を養えるサラリーマンがふえたからである。彼らの家でも、女学校出の妻を助ける女中は雇ったが、上流階級のように十分な人手はなかったので、主婦自身も家事に勤しんだ。当時は家事が膨大にあったのである。

家事がらくになったのは、高度成長期に家電とライフラインが普及してからだ。水汲み、火起こしから始まる炊事などの労働は、ガスと水道が通って大幅に軽減された。子どもの数も少なくなり、主婦が一生子育てに明け暮れることもなくなった。しかも、夫の給料は家族を養えるほど多い。

時間を持て余すようになった主婦たちの中に、カルチャー教室で習いごとをし、趣味を持つ人たちがいた。その中に、パン教室に通う人たちもいたのである。

この頃、パンやお菓子を手づくりする趣味が流行っていた。教室で習う人だけでなく、雑誌や本のレシピを見ながらつくる人もいた。主婦がパンやクッキー、ケーキなどの西洋菓子をつくるようになったのは、主婦雑誌が宣伝してきた「天火」を手に入れたからだ。

「天火」とは、ガスコンロの上にかぶせた箱で、西洋のオーブンを模した機械である。国産品の誕生は一九一六年。庫内でガスを燃やす直火式のガスオーブンになったのは一九六六年。ファンつきで火の回りが速い、超高速レンジの発売が一九七一年。

しかし、ガスオーブンのことも主婦たちは「天火」と呼んでいた。長年憧れてきたものを、進化したからといって急に呼び名を変えるのは難しかったのだろう。「オーブン」という呼び名が定着するのは、一九七七年に電子レンジにオーブン機能をつけたオーブンレンジが登場してからである。やがてオーブンといえば電気を使うオーブンレンジを指すようになっていく。

手づくりのパンや菓子の流行は、オーブンの普及を前提にしている。ガス会社の販売店ではオーブンなどのガス器具だけでなく製菓・製パン材料も売り、スーパーも製菓・製パン材料コーナーを充実させた。

実用一辺倒でないレシピ本が充実し始めたのは一九七〇年代後半。本格的な外国料理や懐石料理のレシピ本、世界各国のお菓子やパンのレシピ本。『くまのプーさん』や『赤毛のアン』などの児童文学に登場する、お菓子や料理の再現レシピを紹介する本の出版ブームも起こった。それは台所が仕事場としてだけでなく、趣味の料理をつくる場所にもなったからである。

主婦たちのエネルギーが、趣味の料理に向かったのは、社会の女性差別が今よりずっと厳しかったからである。仕事を持つ可能性を閉ざされ、家庭に閉じ込められた女性たちが、思う存分力を発揮できる場は台所だった。

作業はシンプルだが技術が必要で、時間と体力を使うパンづくりは達成感があり、続けるうちに上達を実感できる。しかも、上手にできれば家族も喜ぶ。人間が持つ成長への欲求を、趣味のパンづくりが部分的とはいえ叶えてくれるところがあったのだろう。

レシピを読んでみる

パンづくりの流行は一九七〇年代から、と考えられる裏づけの一つが「きょうの料理」(NHK)である。一九五七(昭和三十二)年から放送が始まった番組が、最初にパンを特集したのは一九六五年一〜二月の毎週月曜日の「パンをおいしく」。テキストの『きょうの料理』を観ると、既製のパンを使うレシピ紹介だったことがわかる。

食パン、黒パン、グリッシーニ、フランスパンなどの紹介から始まり、パンを主食にしたときの献立案、サンドイッチやハンバーガーのつくり方、ドイツ料理のクヌーデルと思われる「揚げパン入りおだんご」、「トーストプディング」などの紹介がある。パンの選び方から始まる特集は、パン食文化がまだ根づいていない時代を物語っている。

レシピを提供した料理研究家は佐藤雅子。ヨーロッパ駐在経験がある父のもとで育ち、結婚後に西ドイツ渡航経験がある彼女が紹介するレシピから、ドイツの香りがするのは当然といえる。

一九七一年五月号で初めて、「手作りのパンとジャム」の特集が組まれる。講師はお菓子研究家のパイオニアの一人、宮川敏子。パンづくりの基本から、リング型など成形のバリエーション、菓子パン生地のパンなどのつくり方を紹介する。応用編として蒸しパン、まんじゅうも登場する。

家庭でパンをつくる難しさは、たねをこねるのに力がいること、そしてパンだねを発酵させる間、周囲の温度を一定に保つことである。この特集では基本のパンだねをつくる際、冷蔵庫内に六〜七時間置く低温長時間発酵をすすめている。この特集は反響が大きかったため、八月号で問い合わせに対する回答ページが設けられている。

『きょうの料理』より一足早くパンのつくり方を紹介したのは、全盛期の『主婦の友』である。一九七〇年九月号の「毎日のパン食をよりゆたかにするために　おいしいパンを焼きましょう　おいしくパンを食べましょう」と題した特集の指導者は、『きょうの料理』でも活躍した栄養士の東畑朝子だ。

最初に「パンのおかずはもっと自由に考えよう」と、献立を提案。豚汁と組み合わせることをすすめたり、ジャムの替わりに「さつまいもやかぼちゃの甘煮」を、鮭缶ペーストや納豆ペーストをつくってディップのようにパンに塗る提案をする。西洋のパン食文化を「直訳」したような内容に、西洋の味になじみが薄かった当時の食文化がうかがえる。

初心者向きのバターロールのつくり方を、カラーページでプロセス写真十枚を使って紹介するのは生方美智子。応用編としてブリオッシュのつくり方のほか、三つ編みパンなどを紹介している。レシピ紹介ページのリードに「パン作りがしずかなブームです」とある。

この記事では発酵の際、「25〜30度の状態で、第一次の発酵をさせる」とある。温度を保つ方法として、「火をつけたガス台のそばにおいたり、湯を入れたボールを下においたり、湯を張った浴槽の蓋の上におく」ことをすすめる。なかなか面倒そうである。

パンのレシピ本もある。『改訂版　お菓子とパンを作る本』（講談社、一九八〇年）は森山サチ子がレシピを提供。家庭で簡単においしくつくれるレシピを数多く出したことで知られる森山は、昭和後期に活躍したお菓子研究家である。

基本のつくり方を紹介した後、登場するのは食パン、バターロール、編みパン、フランスパン、クロワッサン、デニッシュ・ペストリー、ブリオッシュ、レーズンロール。フランスパンは成形を変えてプチパン、グリッシーニ、麦の穂をかたどったエピなどにアレンジすることをすすめている。発酵時の温度管理は、三十度前後のお湯にパンだねごと浮かべる湯せんをすすめている。

成形の仕方にバリエーションを求めるのは、西洋のパン文化である。「直訳」に近かったレシピ紹介に、日本オリジナルの要素がはっきり出てくるのは一九八〇年代以降。料理教室とレシピ本の発行で知られるベターホーム協会によるロングセラー『ベターホームの手づくりパン』（ベターホーム出版局）は初版が一九八五年。二〇〇二年改訂版には、バターロール、山形食パン、角形食パン、クロワッサン、バタール、ライ麦パン、デニッシュ・ペストリーなどの西洋のパンのほか、メロンパン、あんパン、クリームパンなど日本生まれの菓子パンもある。発酵時の温度管理は湯せんが基本で、季節による管理の仕方の違いまできめ細かく解説している。

一九九七年にベターホーム出版局が出した『私が作るパン』では、小口切りしたネギを巻き込んだ「ねぎパン」や、梅干しを混ぜて焼き海苔を貼りつけた「おむすびパン」、じゃがいもを包んだ「じゃがいもパン」など、菓子パンや惣菜パンを次々と発売して客を楽しませるパン屋のようなオリジナルアイデアが出てくる。平成になると、手づくりパンはすっかり日本の文化に溶け込んでいる。

パン屋を始める女性たち

さて、最初の就職先で定年まで勤め上げる、あるいはそういう男性と結婚して退職し、専業主婦人生をまっとうする。そんな昭和に確立したライフコースを外れる人がふえ始めたのは、バブル絶頂期だった。アルバイトで生計を立てるフリーターは組織に縛られない自由な生き方のはずだったが、バブルがはじけると定職に就けない若者の進路となり、社会問題になり始める。

出世コースをほぼ閉ざされた女性の中で、資格や技術を身につけて独立しようと試みる人たちが目立ち始めたのは一九九〇年代後半。○○インストラクター、○○コーディネーターなどの新しい資格が次々と誕生。『ケイコとマナブ』など、資格を身につける人、趣味が高じてプロ化する人を応援する仕事情報誌もできた。

昭和に確立した企業での働き方は、新卒入社・定年退職を基本にしている。見よう見真似で会社独特の作法や業界の慣行を覚え、残業やつき合いで足並みを揃える日本的な「会社」の世界は、中途での参入が困難である。平成不況が長引くにつれ、男性の中にもそのシステムに入り込めない人や違和感を覚える人がふえてきた。

二〇〇〇年代に入って、平成不況世代が新しいビジネスの可能性を示すようになった。一九七三年生まれで、野菜宅配ビジネスを手がけるオイシックス社長の高島宏平などは代表的な一人だが、大規模に展開しないまでも、あえて店を持たない移動八百屋や移動魚屋、フリーのシェフ、ひんぱんにイベントを開いて客を集める本屋など、消費者というより価値観を共有する仲間とシェアする、小さなビジネスを行う人たちがいる。

自分らしい生き方を模索する世代の試みの一つとして、見習い修業から始めないパン屋も出てきた。パン屋開業の手引本の『小さなパン屋さん、はじめました。』(田川ミユ著、雷鳥社、二〇一三年)は、首都圏でパン屋を開いた九組の女性たちのパン屋開業に至るプロセスを紹介している。体を壊して前職を辞めた人や、出産後に仕事をしたいと考えた人、イベントでパンを売る中で経験を積んだ人など、二十一世紀初頭の社会事情が九組の中に凝縮されている。

そのうち、パン屋や専門学校での経験がない女性が三人。パン教室で学んだ人が二人。母親がパン教室をしていたという人や、ケーキ教室に通った人もいる。手づくりパンの文化は、二世代目に職業となるまでに成長したのである。

手づくり文化は時間を重ねるうちに成熟し、やがてプロを生み出す。これはお菓子の分野だが、二〇〇〇年前後のスイーツブームで注目を集めたパティシエの一人、東京・深沢の「ル・パティシエ　タカギ」のオーナーシェフ、高木康政は、菓子づくりの原点として母親のつくるマドレーヌを挙げる。一九六六年生まれの彼の子ども時代は、手づくりブームの時代と重なる。

このように、家庭の中にあった手づくりの文化は、時代が進むにつれビジネスの世界に組み込まれていく。保存食づくりやパンづくりなどの時間や手間がかかるものは、特にビジネスの対象となりやすい。そして、従来はなかったビジネスの分野を開拓するのは、いつもコミュニティの外側にいたマイノリティだ。手づくりの素朴さや温かさを残したパンをビジネスにする女性たちも、歴史から見ればそんな開拓者たちの一端にいると言えるだろう。

ホームベーカリー誕生物語

パンをつくるのは難しい。独学でやるならプロセス写真つきのレシピ本はぜひ欲しいし、確実においしく食べられるものをつくりたいなら、パン教室や学校に通ったほうがいいかもしれない。しかし、現代社会には気軽に家庭でパンをつくれる道具もある。ホームベーカリーだ。材料を投入してスイッチを押すだけで、自動でパンが焼けるこの家電は、場合によっては炊飯器でご飯を炊くより簡単に使える道具かもしれない。

機械にお任せもできるが、手づくり感が味わえる応用ができるところも、人気の理由だ。製品の取扱説明書にはレシピがたくさん載っているし、市販のホームベーカリー用レシピ本もある。

ホームベーカリーが誕生したのは一九八七年二月。開発したのは、松下電器産業（現パナソニック）だ。競合他社はあるものの参入・撤退があり、つくり続けているのは同社だけで、国内シェアも七～八割を占める。パナソニックのホームベーカリーの歩みは、ホームベーカリー史といえる。

松下電器産業でホームベーカリーの開発が始まったのは一九八四年。きっかけは、社内体制が変わったことだった。ミキサーなどをつくる回転機事業部と炊飯器事業部、トースターなどをつくる電熱器事業部が統合し、電化調理事業部が発足。三つの事業部が合体した利点を活かした商品開発を、と取り組んだのが自動製パン機だった。

背景にはパン消費金額の増加があった。76ページのグラフをみるとわかるように、総務省の家計調査で一世帯あたりのパンの購入金額は、一九七四年から一九九五年までほぼ急増を続け、その後は高めで安定している。

グラフから、パンの人気が高くなったのは高度成長期だが、定着したのは国民の九割が中流意識を持っていた昭和後期とわかる。チェーン展開するパン屋など、焼きたてパンを売りにする店もふえてきた。市場調査を行って潜在需要はある、と同社は読んだのだ。

電化調理事業部は滋賀県草津市にある。開発チームは関西で評判のパン屋を片っ端から回り半年間で約四十社、百種類以上ものパンを試食した結果、一流ホテルの朝食のパンを目標に開発に着手した。

運よく、開発チームの一人が学生時代に師匠と仰いだパン職人が、大阪のホテルにいた。彼女はホテルに通い、パンのつくり方を学んだ。味を追求するだけでなく、条件を変えても安定して焼けるよう試作をくり返す。開発期間は二年以上に及んだ。「最初の製品の完成度がかなり高かったため、今も製品の基本的なつくり方は変わっていないんです」とパナソニックのマーケティング担当、田中藤子さんは言う。

「炊飯器以来の発明です」とキャッチフレーズをつけて売り出した新製品は大ヒット。その後も、トレンドをいち早く盛り込んだ新機能を加えるなど進化してきた。二〇一五年発売の最高機種では食パンやフランスパン、ライ麦パン、コメ粉パン、残りご飯を使ったごはんパンに、天然酵母パンなどのパンのほか、ケーキやもちなど三十六種類ものメニュープログラムが搭載されている。「メゾンカイザー」監修のパンミックスも使えるし、チーズやナッツなどを練り込んだり、ほうれん草入りなどアレンジ生地のパンも焼ける。

二〇一一年発売の商品から、山型の食パントレンドを察知し、薄くパリッとした皮の「パン・ド・ミ」（フランス語で「中身を食べるパン」の意）メニューを搭載。サンドイッチブーム最中の二〇一五年には、きめ細かな生地で薄くスライスしやすいサンドイッチ用パンもつくれる機種を発売した。

トレンドに敏感なのは、歴代の開発担当者たちがパン屋巡りをしたり、利用者の声を集めるなどの市場調査を欠かさないからだ。「先日も岐阜県の有名なパン屋へ車で行ったそうですし、開発チームが東京出張のときはパン屋を回るようです」と田中さん。

ホームベーカリーは必需品ではないため、売れ行きには波がある。それはブームもある、ということでもある。

草津市の開発担当者の一人、内田さやかさんによると、これまでに訪れたブームは三回ある。発売当初の一九八七年頃と、インターネット上でレシピ交換が盛んになり始めた二〇〇三年頃、そして二〇〇八～二〇一一年頃。三度目の波はパンブーム開始と同時期だ。この時期、ブランド調理器具を流行らせるなどして話題を集めていた主婦雑誌『Mart』で、ホームベーカリーが盛んに取り上げられた。二〇一〇年には、パナソニックに統合される直前のサンヨーが、生《なま》のコメを使ってパンを焼く機能を搭載した「GOPAN」を発売して話題を呼び、さらにブームを盛り上げた。

ホームベーカリーのレシピから

パナソニックのホームベーカリーの取扱説明書（二〇一五年、SD-BMT1001）を見ると、メニューごとの材料や使い方を明記してあるだけでなく、「赤飯パン」や「オレンジショコラ　マーブルパン」、「シナモンロール」などアレンジパン・ケーキ、サンドイッチやジャムも含めて、全部で百四十七種類のレシピが掲載されている。

さらに、巷にはホームベーカリーのレシピ本もあふれている。さまざまなアレンジが可能なこの家電は、手づくり欲を刺激するらしい。

二〇一〇年発行の『Mart　ホームベーカリーBOOK3』(光文社)は、パナソニック製品を使ったレシピとパンのアレンジレシピの提案をする本だ。アレンジバリエーションが豊富で、ココット皿を活用したおしゃれな盛りつけ方を紹介するなど、料理をままごと化する同誌らしい展開をしている。

トマト風味のミックス粉を使った赤いパンや、紫いも粉を加えて紫色をしたパンなどのカラフルなパンを提案する。ニューヨーク発の人気デリカテッセンDEAN & DELUCAや、人気カフェ・雑貨店のアフタヌーンティーなどに教わったサンドイッチのつくり方を紹介する。それは例えば、パンの間に具材を挟んで巻いたロールサンド、パンと野菜でつくるサラダのレシピなどである。

完成したパンを上手に切るために、刃物メーカーの貝印と『Mart』が共同開発したパン切りナイフを紹介するなど、買い物カタログの要素を入れることも忘れない。

ホームベーカリーのパンの楽しみ方を伝える『Mart』に対し、パンづくりそのものを追求するのが『別冊家庭画報』として出た『「エスプリ・ド・ビゴ」のホームベーカリーレシピ』（世界文化社、二〇一〇年）だ。レシピを提供するのは、「ビゴの店」から暖簾分けされたパン屋を東京で営む藤森二郎。

こね上がって発酵させた生地をホームベーカリーから取り出し、手で形を整えてオーブンで焼く「フランスパン」、「パン・オ・ショコラ」などフランスパンやクロワッサンのメニューが充実している。食材を練り込んだ日本的な発想の「バナナブレッド」、「カカオマーブルパン」などのレシピもある。

方向性の違いはあれど、どのレシピ集も西洋風のパンと日本的な惣菜パン・菓子パンの両方を取っている。菓子パンの受容から始まった日本では、今でも菓子パンなどの柔らかいパンが不動の人気を誇る一方で、フランスパンなどのハード系パンの人気も高まってきた。住み分けながら両者が同じパンとして人気を得ているのが、二〇一〇年代の日本の現状である。

守備範囲を着実に広げた日本のパンは、現在主食になったと言えるのだろうか。そして本格導入から百五十年経ち、パンは私たちにとってどんな存在になっているのだろうか。そろそろ結論を出すときが来たようだ。

第七章　私たちの主食文化

西と東が出会うとき

パン食の日本史を巡る長いようで短い旅も、そろそろ終わりに近づいてきた。ここで改めて主食になる小麦とコメについて考えてみたい。

小麦は籾殻《もみがら》を外しにくいが、粉にしてしまえばさまざまな料理に加工できる。酵母を加えるとふくらんだパンをつくれる。パンは、乾燥した気候の地球の西側で人々の暮らしを支えてきた。小麦を加工する産業が生まれ、パンを命の糧《かて》とする宗教が文化を育てた。そしてパンには、毎日食べても飽きない魅力があった。

パン食い人たちの国からみて日本は、地球の東側の端にあって、現代でも飛行機で半日かかる距離にある。豊富な降水量と温暖な気候に恵まれたこの地域では、国を築く中心にあって人々を養う食べものはコメだった。

コメは小麦と違い、籾殻をたやすく外すことができる。粒のまま蒸したり煮たりして、食べることができた。コメを神聖なものとして祀り、国を支える食糧の中心に据えた日本の庶民にとって、長い間真っ白なコメは憧れの存在だったが、やがて日常の主食になった。旨味と甘味を持つコメのご飯はおいしく、和食文化の中心になった。

一方で、コメの材料である稲を育てる水田は、水漏れさせない土木技術を必要とする。

私たちの先祖は平野だけでなく、山間地にも石垣を築いて棚田をこしらえ生産をふやしてきた。島国には平野部が三割しかないからである。都会に暮らす人が大半を占める今、その風景は観光客やコメづくりのボランティアを呼び寄せる心のふるさとになっている。

南北に長いこの国には、コメづくりに向かない地域もあった。東日本は寒冷な気候ゆえ稲が育ちにくく、冷害にも苦しめられてきた。軍国化への道を一層強めた二・二六事件の背景に東北地方の困窮があったなど、コメを主食として選んだがゆえに生まれた暮らしの明暗が、この国の歴史をも動かしてきた。

しかし、コメをつくるための努力を人々は惜しまず、味の評価が高いブランド米が、寒い地域でいくつも生まれている。

そんな国で、人々がパンを取り入れ始めたのは明治時代である。近代産業を発達させた西洋をより進んだ国と捉えた人々は、西洋人に負けない体力と健康を養うため、あるいは未知のものに対する好奇心から、パンをつくって食べ始めた。

「和洋折衷」は、近代以降の食文化を理解するキーワードである。異文化の食を受け入れるにあたり、自分たちの口に合うようアレンジした和洋折衷料理は、今やすっかり和食の顔をして日常になじむ。とんかつをはじめとする豚肉の惣菜は、江戸時代にはなかっ

上位		
順位	都市名	金額（円）
1	京都市	33,129
2	堺市	31,880
3	奈良市	31,237
4	大津市	29,471
5	和歌山市	29,284
6	松山市	29,028
7	岡山市	28,883
8	大阪市	28,768
9	金沢市	28,409
10	神戸市	27,590
11	広島市	27,427
12	横浜市	27,385
13	東京都区部	27,017
14	高松市	26,771
15	津市	26,669

下位		
順位	都市名	金額（円）
43	鹿児島市	21,194
44	熊本市	21,154
45	福島市	19,839
46	那覇市	19,807
47	札幌市	19,720
48	山形市	19,596
49	仙台市	19,365
50	宮崎市	19,331
51	秋田市	18,936
52	青森市	18,339

2015年、一世帯あたりパンの購入金額が多い都市、少ない都市。「家計調査結果」（総務省統計局、2015年）を加工して作成

た。あんパンも、和洋折衷の食べ方である。おやつとしてパンを受け入れた人々は、やがていくつかのきっかけを経て、食事の中にも取り入れるようになった。

食事としてのパンが早く生活に入り込んだ地域は、外国人との交流が多い東京、横浜、神戸などである。そしてなぜか神戸を窓口とする関西地方の人々が、パン食に早くなじんだ。あまり定着していないのは、コメを風土になじませたうえ、よりおいしくしてコメどころになった東日本である。

二〇一五年の総務省家計調査で、全国五十二都市の一世帯あたり年間のパ

ンへの支出金額を比べると、四十三位以下六都市が東北・北海道である。トップ十を占めるのは関西地方を中心とした西日本で、金沢市が例外的に九位に入っているぐらいだ。

関西で比較的早くパンが主食として受け入れられたのは、長く政治・文化の中心にあって、グルメ都市の歴史が長い京都・大阪を擁していること、そして開港地の神戸に外国人が入ってきて、パン食文化を伝えたからだろう。人々が食事としてのパンを受け入れ始めた大正期に関東大震災が起こり、それまで開港地としてパン食文化を引っ張ってきた横浜に替わり、神戸がこの国のパン食文化の中心地となった。

もう一つ、この地域でパンが比較的たやすく受け入れられた要因は、食事文化にあると思う。関東では朝にご飯を炊いて、味噌汁とともに炊きたてで食べる習慣があったのに対し、関西ではご飯を昼に炊いて、朝は残りご飯を食べてきた。もともと朝食を簡単に済ませる文化だったから、料理しないで済む食事のパンをたやすく受け入れたのではないだろうか。

私のパン食遍歴

日本人がどのようにパンになじんできたのか、具体的に知る手がかりとして私の体験をお伝えしたい。子どもの頃からパン好きなので、もしかすると偏った体験かもしれない。しかし、パンを取り巻く人々の端っこにいようが真ん中にいようが、パン食歴百五十年ほどの国での五十年弱の歩みは、変化をみる指標としては十分だと思う。

私は一九六八年、サラリーマンの父と専業主婦の母の間に生まれた。父は関西育ち、母は広島県の山村育ちで、二人とも子どもの頃に戦争を体験した。私が両親と妹の四人家族で暮らしたのは、大阪と神戸の間にある阪神間である。洋食、中華、和食が順繰りに並ぶ食卓の、洋食を特に喜んで食べた。朝食はパンである。

パンにまつわる最初の記憶は、四、五歳の頃。週末に出かけた大阪・梅田の阪神百貨店の地下にあるパン屋で、カニや亀をかたどった大きな動物パンを買ってもらった。ちぎったときに弾力があり、ふだん食べるコープのバターロールよりずっとおいしいことが、強く印象に残った。

小学校に上がると、給食でもパンを食べるようになる。コッペパンは、中身がモソモソしていて食べにくい。残して放課後に口にすると、固くて酸っぱくなっていた。たまに出てくるげんこつ二つを並べたような「フランスパン」は、皮が中身と同じぐらい柔らかいので、「こんなのフランスパンじゃない」と思ったのだから、いつのまにか私はバタールを知っていたらしい。

一九八一年、中学に上がると弁当生活が始まった。金曜日は昼食を買っていい日で、私は毎週学校の最寄り駅にあるベーカリーチェーン店の「カスカード」へ行った。いつも買うのは、皮がカリッと固くて丸い「プチパン」と、パイ生地の真ん中にチョコバーが入っていて、外側にチョコレートがかかった「ショコラ」。高校生になると、チーズとハムを細長いフランスパンに挟んだ「カスクート」が店に並ぶようになったので、それをよく買うようになった。

定番のパンでいえば、あんパンは好きだがクリームパンは苦手だった。メロンパンも強い甘さと歯にくっつく感じが苦手。カレーパンは、揚げたてに出合えるとうれしかった。

幼い頃、朝食の食パンの中身だけ食べて皮を残していた四歳下の妹は、メロンパンがお気に入りだった。同じ家で同じものを食べて育ったのに、私と妹は好みが違っていて、外出先でお昼にそれぞれ違うものを食べたい、と言って両親を困らせた。

そんな妹は今、和食が得意である。中学生の上の娘がどちらかといえば和食党であることも関係していると思う。妹の家でも朝食はパンだが、上の娘が小学校低学年の頃、妹は小さなおにぎりをつくって食べさせていた。一九九八年に結婚したとき、ホームベーカリーを買った妹は、遊びに行くとつくったパンをおみやげにくれたが、やがて子育ての忙しさに紛れて使わなくなった。

一九九三年にドイツへ旅行した私は、ホテルで出てくるブローチェンが気に入り、ウエストポーチに隠し入れてランチにも食べた。ライ麦の香ばしい香りと滋味深い味が忘れられず、帰国後もパン屋で茶色いライ麦パンを見つけては食べていた。

一九九五年一月の阪神・淡路大震災のとき、わが家もまるでゴジラがおもちゃ箱を揺さぶるみたいに揺れた。幸い電気が一時間ほどで復旧したので、いつもの通りパンをトースターで焼いて朝食にした。しかし、食卓に座っていたのは私だけで、そばでウロウロしていた母は「あんた、こんなときによく食べられるわね」と呆れる。事態の深刻さを理解していなかった私は、毎朝ご飯食だったスキー旅行から帰ったばかりで、パンの朝食が恋しいということしか考えていなかった。

いろいろあって、私は三月から大阪市で一人暮らしを始めた。その下町を新生活の拠点として選んだ理由は、同僚から「おいしいパン屋がある」と聞いたことだった。やがて神戸の町に通っては、「イスズベーカリー」で食パンを買う楽しみを覚える。

一九九九年に結婚して東京に引っ越し、最初に住んだ町にはおいしい食パンを売る店があった。「そんなにおいしいのか」と言いながらパンの朝食につき合う夫は、あるときパン屋の前を通りかかる西洋人男性たちが「ここのパンはおいしい」と言っているのを聞いてから、私の言葉を本当だと思ったようだ。

夫は大阪市の下町、そして奈良県の郊外に住み、三世代家族の中で育った。基本的に和食が好きな彼に、思い出のパンは何かと聞くと、高校時代に食べたコロッケパンや、東京で暮らすようになって試した果物店、新宿高野のメロンパンを挙げる。

そんな夫の好みも知らず、私は出かけた先でパン屋を見つけては買うバタールのおやつに夫をつき合わせていた。地元のパン屋にはフランスパンを置いていなかったからだ。引っ越すときは、必ず近所においしいパン屋があることを条件に入れた。

そうして、片手で数えられるぐらいのパン屋に勝手にお墨つきを与え楽しんでいた私に、パン食の日本史を書く仕事が舞い込んだ。首都圏及び京阪神の話題のパン屋を回る生活が始まり、五十〜六十軒は行っただろうか。メディアで取り上げられるだけあって、どの店のパンもおいしい。そしてその多くがフランスパンを売りにしている。

ハード系パンを好きな自分は、変わり者ではなくなったのか。あんパンの国で何が起こっているのか。少し前まで、日本はアメリカナイズされたという声がよく聞かれたが、パンに関しては、フランス化したのだろうか。何しろ日本のおいしいフランスパンは世界トップクラスの水準にある。その謎を解こうと試みたのが、本書である。

パンと日本人

多くの人が柔らかいパンを好む国にいながら、私がハード系パンを好きなのは、パン食が盛んな神戸文化圏で育ったことが大きい。その中でも、パンの好みは経験を重ねるにつれ変わってきた。

子どもの頃から食べてきた食パンは、灘《なだ》神戸生協（現コープこうべ）の六枚切り角食パンだったが、一人暮らしを始めてからは、パン屋で売っている山食パンになった。角食パンが主流の東京でも、山食パンが手に入るときはそちらを選ぶ。

フランスパンの代表は中身が充実したバタールだと思って気に入っていたのに、ここ数年は皮の存在感が大きいバゲットのほうがお気に入り。端っこを好まない夫の分まで食べ続けていたら、皮を何よりおいしいと思うようになっていたからだ。

もともと、あんパンを除く菓子パンが苦手で、十代にハマったパン・オ・ショコラもやがて食べなくなった私のパンの好みは、かなり食事パンに偏っている。それが、人気店のパンを食べまくったこの数か月で、ますますシンプルなパンへと好みが寄り、最近のお気に入りはカンパーニュである。特に中身がサクサクした食感のパンが好きだ。

個人的な遍歴と、神戸で山食パンとハード系パンが人気になった歴史からみて、おいしいフランスパンを買える地域のパン好きの好みは、やがてハード系パンに行くだろうと考えている。

何しろ本格派フランスパンの店は、東京をはじめ全国各地にずいぶんふえた。カリッとした皮には、せんべいに通じる香ばしさがあるし、そういう店が使う小麦粉は良質なものが多い。小麦の味わいもやがてクセになるだろう。

日本人はもともとうどんやラーメン、焼きそば、お好み焼きなどの小麦粉料理が大好きなのだ。そして、ここ二十年ほど、さまざまな外国の味を受け入れる度量を広げている。

しかし一方で、「固過ぎる」パンが敬遠される傾向は、根強く残るだろう。柔らかいパンの皮ごと簡単に食いちぎれるところや、そういうパンをサンドイッチや惣菜パン、菓子パンにしたときの具材との一体感も魅力的なことを私は知っている。歩きながらでも気楽に食べることができる。噛むことにエネルギーがいらないからだ。そのことは食べる人の年齢を選ばないことにもつながる。

日本人は、ヨーロッパの脂っこいカツレツを、サクサクの衣で揚げたとんかつに変え、ナマのキャベツの千切りを添えてご飯と味噌汁を合わせる和食にした。同じように、パンの皮を柔らかくしたうえで、あんこやカレーなどを包む菓子パン、惣菜パンを生み出した。具材をひと続きに味わえるパンは、親子丼やカレーライスのご飯と具材の一体感に通じる。つまり、私たちはパンを和食化したのである。

今私たちはパンを手づくりしたり、ホームベーカリーという便利な道具でつくることも、パン屋やスーパー、コンビニ、インターネット通販で手に入れることも気軽にできる。ほとんどの人はパンを買う。料理することが面倒なときや忙しいとき、料理できない家族を家に置いていくとき、とりあえず小腹を満たしたいとき、パンは便利な食べものである。その気軽さは、パンの人気を着実に高めてきた。

しかし近年、パンの消費量は伸び悩んでいる。この問題は、パン大国フランスで深刻なのだが、そのことは一九六二年をピークに消費量がへり続ける日本のコメを思い起こさせる。日本で深刻な問題とされてきたのは、食卓の中心にあるべきご飯の消費が減少していることである。しかし、日本のコメ事情がフランスのパン事情とよく似ていることは、忘れがちな基本的な問題を教えてくれる。

戦後、いわゆる先進国では人類の歴史上稀な高度経済成長を体験した。そのどこの国でも、白くした穀物の食べものは高嶺の花から庶民の日常的な食事になった。同時に起こったのは、おかずの量と種類がふえたことである。パンやご飯をたくさん食べなくても、肉や魚、野菜も日常的に摂れるようになった人々は、やがてカロリーの摂り過ぎで肥満になり、生活習慣病に悩むようになった。二十一世紀に入って高度経済成長を経験している新興国も、今私たちと同じ悩みを抱え始めている。

近年、ご飯やパンなどの炭水化物を抜くことを中心に据えた糖質制限ダイエットが流行しているが、それは社会的な過食傾向に対する一種の揺り戻しの現象にも見える。長い間、頼みの綱としてきたカロリー源を食事の外へ追いやれるほど、人々は食べることに不自由していないのである。

主食とは何か

そろそろ紙数も尽きてきた。第一章で掲げた「パンは主食になったのか」（15〜17ページ）という問いに対しての結論を出したい。それには、二通りの答えがある。

一つは、段階を経て日本人の主食になったという答え方。留学帰りの明治の人々、コメ騒動がきっかけでパン食を始めた大正から昭和初期の中流の人々、そして高度成長期以降に洋風のライフスタイルを取り入れた大衆。パンにハマり、SNSなどで情報発信する二十一世紀のマニアたちや、若者たち。料理することが煩《わずら》わしい、あるいはご飯を飲み込みにくくなった高齢者たちへとパン食は広まっている。

しかしパンマニアの一部を除けば、両親とも日本出身の日本育ちで一日三食パンという人はほとんどいないだろう。パン屋を巡り歩いた数か月、私は一日にせめて一回のご飯食、少なくとも醤油味の料理を求めてやまなかった。自他ともに認めるハード系パン好きの私ですら、こうなのである。それは、洋食化が進んだ時代に育ったとはいえ、ご飯と醤油や味噌、出汁の味に慣れ親しみ、この高温多湿な国で暮らしてきたからだと思われる。

パンは、ご飯を押しのけて主食の地位に上り詰めたわけではなく、麺類も含めた多様な主食の一つに仲間入りしただけと言える。そして、おやつとしてのパンは、主食以上に多様な間食の選択肢の一つとして存在感が増してきたと考えられる。人気のパン屋で人々がトレイに載せているのは、菓子パンや惣菜パンが中心なのである。

もう一つは、パンはもはや主食ではなくなったという答えだ。それは、前言を翻すようだが、深刻なコメ消費量低下のデータから見えてくる。おかず食いになって、私たちはご飯をあまり食べなくなったのである。人々はまずご飯のお替わりをやめ、やがてご飯自体を食卓に載せなくなってきている。

まったくご飯を口にしなかった日が思い当たるだけで何日もある、という現役世代は少なくないだろう。忙しくて三食摂れなかった日や、朝はパンで昼は麺類で夜は居酒屋でつまみだけ、という日はないか。ホテルの豪華な会食で、ご飯はお膳にぽっちりと入っていただけ、という日はないか。ご飯はすっかり添えものになっているのだ。ダイエットをしなくても、私たちはとっくにご飯なしの日常を送っている。

食事の中心にあるものを主食と呼ぶなら、今や主食はおかずである。パンどころか、ご飯も主役ではない。ご飯のためにおかずを食べるのではなく、おかずをたくさん食べるための口直しが、ご飯やパンなのである。

日本が飽食の時代と言われたのは、一九八〇年代のことだ。しかしそれから四半世紀経って、私たちは食に飽きるどころか、ますます食への関心を高くしている。朝から晩まで、テレビをつければタレントが何かを食べ、料理している姿を観ることができる。インターネットで盛んに投稿される写真も、料理が多い。食べることを中心に描いたマンガや映画、ドラマもたくさんある。パンマニアだけでなく、食べることを趣味に持つ人が多いのは、情報化社会の必然である。

長い平和を謳歌しながらこぞって食に高い関心を持ち続けた結果、日本は世界に冠たるグルメ大国になった。都会の中ではもちろんのこと、地方でもおいしいと評判が立つ店には、不便でも遠くても、何時間もかけて人々が押し寄せ行列をつくる。どこに行ってもおいしいご飯にありつける。食事の量があるのは前提で、質を選べる豊かな国に、日本はなった。

しかし、一方でそれはお金があれば、という前提条件がつく。経済の急成長が期待できなくなった中で政治がさらに格差を拡大させた結果、深刻になった貧困率の高さは、飢餓がすぐそばにある実態を気づかせる。そのうえ経済がグローバル化した現代において、国ができることも縮小する一方だ。

時代の奔流の中で個人ができることは限られている。しかし、パンの流行の中に興味深い動きがあって、未来に少し希望を抱かせる。それは、高級食パンやフランス産小麦を使ったこだわりのバゲットといった、品質の高さを売りにする高い価格帯のパン屋に人気があることだ。

二十年近くもデフレ経済が続いているにもかかわらず、品質で勝負するものの背景にはていねいに仕事をする職人と良質な原料があると再び認められるようになったのだ。もちろん、高いことイコール良質とは限らないが、多様な選択肢の一つにちょっとした贅沢を味わう楽しみがあったり、良質なものをつくる人たちに「買う」という一票を投じる選択肢ができたことは、悪いことではないだろう。その行為は、生産者の生活を支えることにもつながるからだ。支え合う大切さを実感する時代が始まろうとしている。

消費を煽る情報があふれかえる現在、無防備に立ち向かえば欲望の海に溺《おぼ》れてしまう。そんな時代だからこそ、私たちは食欲への自制心を働かせることが必要である。そして、関心を食の背後に向け、社会を変えていくことができるはずである。

おわりに

最終章で書いた通り、私は物心ついたときからのパン好きである。だから、執筆の依頼を受けてからは楽しくて仕方がないが、同時に忙しいし苦しいというアンビバレントな日々が約十か月も続いた。よくここまで来られたものだと思う。

何しろパンは、世界の何割かの人々にとって主食であり神聖な食べものである。パンを食べられないと怒った人々が革命を起こした国もある。主食化してからの歴史が浅いとはいえ、日本でも大勢の人たちの命をつないできた。その背後には壮大な歴史があり、政治的な思惑がある。経済を左右する存在感を持ち、支えてきた科学があり、人々の嗜好を表す趣味性が表れる。最初は、パンの背後にある食文化を描ききる力が自分にあるのかと不安に思った。

それでも書こうと思ったのは、二〇一五年に和食の歴史を描く『「和食」って何？』（ちくまプリマー新書）を出していたからであり、日本の洋菓子史についての多少の知識があるからである。食の背後には人が暮らす世界のすべてがある。動き続けるその世界の端っこをギュッと摑《つか》みながら、何とか振り落とされずにここまで来ることができた。まだまだ知識不足な面や視野の狭い部分など、至らない部分はたくさんあると思うが、パンに興味がある方々や食文化に興味がある方々に、少しでも楽しんでいただける本になっていれば幸いである。

本書について人に話す中で、世の中には思った以上にたくさんのパン好きがいることが判明した。「パンについて書くって？」と目を輝かせる男女の多いこと、多いこと。パンはなぜこんなに人を興奮させるのだろう。

そして、私自身はというと、取材を兼ねてたくさんの店でパンを買い、食べ続けるうちにますますパン好き度が高くなり、もう十分調べたと思えるようになった夏になっても、初めての店や気に入った店でパンを買って食べる生活が続いている。たぶん、本が出てからも、パン屋探しに飽きないことは目に見えている。ますますハード系パンが好きになってきているので、今まで以上に好みは偏ってきている気がする。パンマニアの世界に私も入り込んだのかもしれない。

取材を兼ねてパンを食べるとき、一緒にいる人と分け合って味見することが何回かあった。そのときに、パンは分け合えるところがよいなと思った。一つのパンを手で割って誰かと一緒に食べるとき、その人との距離が縮まる気がしたのである。聖書の中でパンを分ける話がくり返し出てくるのは、パンのこういう性質があるからだと納得した。私は信者ではないが、キリスト教系の学校で学んだことが、西洋人にとってのパンの大切さを理解するうえで助けになった。

周囲の人たちに聞いた中で、ぜひとも書いておきたいエピソードがあったので、ここに記しておく。それは義父の話である。

一九三二年生まれで大阪育ちの義父は、食べものに対する関心が高く、八十歳を超えた今でもおいしいものを喜んでパクパク食べる。食べるだけではなく料理もする。やもめになって三年だが、ベテラン主婦のように上手に料理して一人で楽しく暮らしている。貧しかった少年時代、「腹一杯に食べられる」という勧誘に釣られて満蒙開拓青少年義勇軍に入ったが、茨城県で訓練中に戦争が終わり無事に帰ってきたという戦争体験を持つ。

そんな義父が少年時代、気になっていた町の商店がパンを扱っていた。戦前から高度成長期頃まで、町なかには製パン会社の看板を掲げてパンやお菓子などを売る店があちこちにあった。今で言えばヤマザキパンショップのような存在だろうか。義父の家の近所には、神戸屋の店があったそうだ。

「商店街の中ではなくて、店は住宅街にあったな。あんパンを売っていたけれど、高いからワシには買えなかった。ほかに何を売っていたかなあ、お菓子とかやったと思うわ」と義父は記憶を辿りながら話す。

現在は外国風のおしゃれなパンを売っているイメージが強い神戸屋も、戦前からずっと日本人が好きなあんパンなどの菓子パンをつくっていたのである。そのパンが、甘いものに飢えていた少年の心に刻まれた。日本人のパンの原点は、やはりあんパンなのではないか。

本書を書くために、たくさんの資料を調べ、大勢の人にお世話になった。古い時代のパンを発掘するにあたり、最も参考になったのは本文中にくり返し引用している『パンの明治百年史』である。これは一九七〇年に出た業界史なのだが、高度成長期の勢いと歴史をきちんと残す意気込みが感じられる大作である。この本の取材・執筆にあたった安達巌さんは、一九〇六年島根県生まれ、戦前は社会運動などに力を入れていたが戦後、『パンの日本史』をはじめ数多くの著作を出す食文化研究者となり、『メロンパンの真実』に元気な姿で登場した後、九十六歳で亡くなった。

取材に協力してくれたアロ・ユエカルダさん、ローランド・ドメーニグさん、ゲルトルード・高野さん、ナデージュ・オデオンさん、クロード・ジェームズさん、マイケル・クラインドルさん、セバスティアン・ホヘンタナさん、キャサリン・松島さん。敷島製パンの加藤博信さん、加藤祐子さん、レアールパスコベーカリーズの平池浩さん、「サンドウィッチパーラーまつむら」の松村守夫さん、「カトレア」の中田琇三さん、中田豊隆さん、ルヴァンの甲田幹夫さん、フロインドリーブのヘラ・フロインドリーブ・上原さん、齋藤綾さん、フロイン堂の竹内善之さん、関口フランスパンの高世勇一さん、全日本パン協同組合連合会（二九一六年三月当時）の福井敬康さん、パナソニックの田中藤子さん、山本智子さん、内田さやかさん、農林水産省の吉田行郷さん、ぴあの幅野裕貴さん、緑川靖雄さん、日本パン技術研究所の原田昌博さんにお礼を申し上げる。皆、パンに関わっているだけでなく、パンを愛してやまない方たちだった。特に原田さんには技術的な側面からさまざまなアドバイスをいただき、大変お世話になった。

また、田中紀子さん、戸塚貴子さん、高田ゆみ子さん、沼田美樹さん、井本千佳さん、安武郁子さん、大谷りえ子さん、申智恵さん、鳥原家の皆さんにもお世話になった。日ごとに違うパンが並ぶ朝食につき合ってくれた夫にも感謝している。そして、取材先との交渉から資料収集までさまざまな面でサポートしてくれたNHK出版の佐伯史織さんに大変お世話になった。パン好きコンビで取材を巡り、パンについて語り合ったことは、難しい分野の本をエンターテインメントとして成立させる大きな助けになった。この本が、汲めども尽きないパンの魅力を少しでも伝えられる一助になればと願っている。

二〇一六年九月

阿古　真理

主な参考文献・WEBサイト

『新明解国語辞典』三省堂、一九九九年
正岡子規『仰臥漫録』岩波文庫、一九八三年
大山真人『銀座木村屋あんパン物語』平凡社新書、二〇〇一年
安達巌『パンの日本史』ジャパンタイムズ、一九八九年
岡田哲『コムギ粉の食文化史』朝倉書店、一九九三年
パン産業の歩み刊行会『パン産業の歩み』毎日新聞社、一九八七年
社団法人鈴木梅太郎博士顕彰会、鈴木梅太郎先生伝刊行会『鈴木梅太郎先生伝』一九六七年
『日本の食生活全集28　聞き書　兵庫の食事』農山漁村文化協会、一九九二年
神戸外国人居留地研究会編『神戸と居留地』神戸新聞総合出版センター、二〇〇五年
神戸外国人居留地研究会編『居留地の街から』神戸新聞総合出版センター、二〇一一年
笹山晴生・佐藤信・五味文彦・高埜利彦『詳説日本史B』山川出版社、二〇一五年
岡戸武平『パン半世紀』中部経済新聞社 敷島製パン、一九七〇年
パンの明治百年史刊行会『パンの明治百年史』一九七〇年
一志治夫『アンデルセン物語』新潮社、二〇一三年
東嶋和子『メロンパンの真実』講談社、二〇〇四年
WEBサイト「日本の西洋料理の歴史」
江原絢子・石川尚子・東四柳祥子『日本食物史』吉川弘文館、二〇〇九年
スティーヴン・L・カプラン『パンの歴史』吉田春美訳、河出書房新社、二〇〇四年

塚本有紀『ビゴさんのフランスパン物語』晶文社、二〇〇〇年
松成容子『ドンクが語る美味しいパン100の誕生物語』ブーランジュリードンク監修、旭屋出版、二〇〇五年
フィリップ・ビゴ『フィリップ・ビゴのパン』柴田書店、二〇〇五年
高橋靖子『わたしに拍手!』幻冬舎、二〇〇七年
甲田幹夫『ルヴァンの天然酵母パン』柴田書店、二〇〇一年
大内弘造『酒と酵母のはなし』技報堂出版、一九九七年
舟田詠子『パンの文化史』講談社学術文庫、二〇一三年
レイチェル・カーソン『沈黙の春』青樹簗一訳、新潮文庫、一九七四年
有吉佐和子『複合汚染』新潮文庫、一九七九年
盛田淳夫『ゆめのちから』ダイヤモンド社、二〇一四年
奥村彪生『日本めん食文化の一三〇〇年』農山漁村文化協会、二〇〇九年
赤井達郎『菓子の文化誌』河原書店、二〇〇五年
小西千鶴『知っておきたい和菓子のはなし』旭屋出版、二〇〇四年
木村茂光編『日本農業史』吉川弘文館、二〇一〇年
原田信男『和食とはなにか』角川ソフィア文庫、二〇一四年
草間俊郎『ヨコハマ洋食文化事始め』雄山閣、一九九九年
WEBサイト「発酵とパン　今昔物語」オリエンタル酵母工業
安保邦彦『敷島製パン八十年の歩み』敷島製パン、二〇〇二年
相馬愛蔵『一商人として』岩波書店、一九三八年
池田文痴菴『日本洋菓子史』日本洋菓子協会、一九六〇年
ウィリアム・ルーベル『「食」の図書館　パンの歴史』堤理華訳、原書房、二〇一三年

ビー・ウィルソン『「食」の図書館　サンドイッチの歴史』月谷真紀訳、原書房、二〇一五年
大塚滋『パンと麺と日本人』集英社、一九九七年
鈴木猛夫『「アメリカ小麦戦略」と日本人の食生活』藤原書店、二〇〇三年
ラジ・パテル『肥満と飢餓』佐久間智子訳、作品社、二〇一〇年
荻原由紀「生活改良普及員の昭和20～30年代の栄養指導の意義と功績」『農業および園芸』養賢堂編、二〇一三年
岸康彦『食と農の戦後史』日本経済新聞社、一九九六年
阿古真理『「和食」って何？』ちくまプリマー新書、二〇一五年
『なつかしの給食　献立表』アスペクト編集部編、アスペクト、一九九八年
幕内秀夫『変な給食』ブックマン社、二〇〇九年
甲斐みのり『地元パン手帖』グラフィック社、二〇一六年
スーザン・セリグソン『パンをめぐる旅』市川恵里訳、河出書房新社、二〇〇四年
『聖書』日本聖書協会、新約一九五四年、旧約一九五五年
臼井隆一郎『パンとワインを巡り神話が巡る』中公新書、一九九五年
池上俊一『世界の食文化⑮イタリア』農山漁村文化協会、二〇〇三年
南直人『世界の食文化⑱ドイツ』農山漁村文化協会、二〇〇三年
北山晴一『世界の食文化⑯フランス』農山漁村文化協会、二〇〇八年
本間千枝子・有賀夏紀『世界の食文化⑫アメリカ』農山漁村文化協会、二〇〇四年
柴田明夫「古代ローマに学ぶ食糧問題」『高等学校　世界史のしおり』帝国書院、二〇一五年
ジョゼフ・ギース／フランシス・ギース『大聖堂・製鉄・水車』栗原泉訳、講談社学術文庫、二〇一二年
フェリペ・フェルナンデス＝アルメスト『食べる人類誌』小田切勝子訳、早川書房、二〇〇三年
ローラ・インガルス・ワイルダー『大きな森の小さな家』恩地三保子訳、福音館、一九七二年

ローラ・インガルス・ワイルダー『プラム・クリークの土手で』恩地三保子訳、福音館文庫、二〇〇二年
バーバラ・M・ウォーカー『大草原の「小さな家の料理の本」』本間千枝子・こだまともこ共訳、文化出版局、一九八〇年
『ふるさとひょうご』東京兵庫県人会、118号　二〇一三年
WEBサイト「料理人が刺激を受けた味・技・人　激白ストーリー22」関西食文化研究会
小麦好き委員会パン倶楽部『恋するパン読本』PHP研究所、二〇一五年
深川英雄『キャッチフレーズの戦後史』岩波新書、一九九一年
阿古真理『うちのご飯の60年』筑摩書房、二〇〇九年
大阪ガスエネルギー・文化研究所『炎と食』炎と食研究会編、KBI出版、二〇〇〇年
『きょうの料理』一九六五年一～二月号、一九七一年五月号・八月号、日本放送出版協会
『主婦の友』一九七〇年九月号、主婦の友社
『改訂版　お菓子とパンを作る本』講談社、一九八〇年
『ベターホームの手づくりパン』ベターホーム出版局、一九八五年
『私が作るパン』ベターホーム出版局、一九九七年
田川ミユ『小さなパン屋さん、はじめました。』雷鳥社、二〇一三年
『Mart ホームベーカリーBOOK 3』光文社、二〇一〇年
藤森二郎『「エスプリ・ド・ビゴ」のホームベーカリーレシピ』世界文化社、二〇一〇年

校閲　鶴田万里子
原田昌博（日本パン技術研究所）
DTP　NOAH
地図作成　手塚貴子

阿古真理 あこ・まり
1968年兵庫県生まれ。
作家・生活史研究家。神戸女学院大学卒。
食や暮らし、女性の生き方や写真などをテーマに執筆。
著書に『昭和の洋食 平成のカフェ飯――家庭料理の80年』、
『昭和育ちのおいしい記憶』(共に筑摩書房)、
『「和食」って何?』(ちくまプリマー新書)、
『小林カツ代と栗原はるみ――料理研究家とその時代』(新潮新書)ほか。

NHK出版新書 501

なぜ日本のフランスパンは
世界一になったのか
パンと日本人の150年

2016(平成28)年10月10日 第1刷発行

著者 阿古真理 ©2016 Ako Mari
発行者 小泉公二
発行所 NHK出版
〒150-8081東京都渋谷区宇田川町41-1
電話 (0570) 002-247(編集) (0570) 000-321(注文)
http://www.nhk-book.co.jp (ホームページ)
振替 00110-1-49701

ブックデザイン albireo
印刷 啓文堂・近代美術
製本 二葉製本

Printed in Japan ISBN978-4-14-088501-7 C0277

NHK出版新書好評既刊

NHK「アスリートの魂」
運命を分けた16の闘い
NHK番組制作班
瀬戸大也、白井健三、五郎丸歩、上原浩治、野村忠宏……。分岐点で諦めず、自らの運命を切り拓いた一流アスリートたちの闘いを綴った、感動の一冊。
496

美術品でたどる
マリー・アントワネットの生涯
中野京子
歴史に翻弄された悲劇のヒロインの生涯を、ヴェルサイユ宮殿《監修》展覧会の出展作品を題材にしながら紡ぐヴィジュアル版第4弾。
497

EU分裂と世界経済危機
イギリス離脱は何をもたらすか
伊藤さゆり
EUに背を向ける英国民の選択は、いかに市場を揺るがすのか。欧州経済に通じるエコノミストが、危機の深層と世界経済のこれからを見通す。
498

はじめてのサイエンス
池上 彰
いま学ぶべきサイエンス6科目のエッセンスが一気に身につく。再生医療から地球温暖化まで、ニュースの核心も理解できる。著者初の科学入門。
500

なぜ日本のフランスパンは
世界一になったのか
阿古真理
技術革新と「和洋折衷」力で、独自のパン文化を築いた日本。空前のパンブームの背景にある、先人たちの苦闘の歴史をひもとく。
501